江苏凤凰科学技术出版社

图书在版编目（CIP）数据

色彩表现与搭配 / 杨柳编著. —南京 ：江苏凤凰科学技术出版社，2017.10

（室内设计手册）

ISBN 978-7-5537-6360-6

Ⅰ. ①色… Ⅱ. ①杨… Ⅲ. ①建筑色彩 Ⅳ. ①TU115

中国版本图书馆CIP数据核字(2017)第227569号

室内设计手册

色彩表现与搭配

编　　著　杨 柳
项目策划　凤凰空间／孙 闻
责任编辑　刘屹立 赵 研
特约编辑　孙 闻

出版发行　江苏凤凰科学技术出版社
出版社地址　南京市湖南路1号，邮编：210009
出版社网址　http：//www.pspress.cn
总 经 销　天津凤凰空间文化传媒有限公司
总经销网址　http：//www.ifengspace.cn
印　　刷　北京汇瑞嘉合文化发展有限公司

开　　本　889 mm×1194 mm　1／16
印　　张　17
字　　数　218 000
版　　次　2017年10月第1版
印　　次　2024年10月第2次印刷

标准书号　ISBN 978-7-5537-6360-6
定　　价　288.00元

PREFACE 前言

色彩可以说是室内设计里最抽象和感性的部分。我们常常会听到这样的评价："这个空间的配色太棒了""卧室的配色让人觉得不安"等。那么，配色好坏的界限在哪里？开始一个设计之前设计师应该怎样思考色彩的安排？当面对质疑时，又将如何解释和传达自己的配色设想？事实上，对于居室色彩而言，如果没有理论的分析和总结，我们往往最终会沦为案例的俘虏和现象的奴隶。但只流于文字的理论分析，对于配色设计而言，无疑也是晦涩的。

为了阐释居室配色的复杂状况，本书做了如下设置：

1. 清晰、明了的配色速查表：快速挑选匹配的家居配色方案

2.CMYK 色彩对照：不同角度的配色解析，直击空间配色精髓

3. 简单明了的手绘图：直观感受色彩带来的空间变化

4. 发散性极强的配色灵感来源：令家的"颜值爆表"

5. 对比正确与错误的配色形式：从容应对家居配色棘手难题

总之，本书囊括了所有室内设计师都渴望知道的配色法则，从基础理论到另辟蹊径的配色处方，从具有针对性的设计实例到超实用的设计技巧。不论你是室内设计专业的学生、一筹莫展的室内设计新人，还是一时灵感枯竭的室内设计师，都能快速查阅所需的配色方案，进而提高设计效率，增加设计美感，培养设计敏锐度。

CONTENTS 目录

第一章 色彩的奥秘

第一节 认识色彩

从色相、纯度、明度三种属性看配色 / 008
有彩色 + 无彩色，形成丰富的色彩架构 / 012
根据色相意义表达居住者的情感 / 014
决定家居空间整体氛围的色相关系 / 018
合理分配色彩 4 角色是配色成功的基础 / 020
形成开放与闭锁效果的色相型配色 / 028
表达色彩外观基本倾向的色调型配色 / 038

第二节 色彩与居室环境

利用色彩对光线的反射率改善居室环境 / 046
调节重心配色改变空间整体感觉 / 048
空间配色依附家居材质而存在 / 050
不同色温表达不同的配色效果 / 054

第二章 从色彩印象展开空间配色

第一节 内敛型配色印象

与配色印象一致就是成功的配色 / 058
冷静、干练的都市型配色 / 064
彰显时间积淀的厚重型配色 / 068
体现生机盎然的自然型配色 / 072
以冷色为主的清新型配色 / 076

第二节 开放型配色印象

鲜艳、有朝气的活力型配色 / 082
光鲜、豪华感的华丽型配色 / 086
温柔、甜美的浪漫型配色 / 090
以明亮暖色为主的温馨型配色 / 094

第三章 用色彩设计化解空间缺陷

第一节 不理想的空间造型

不理想空间色彩调整技巧 / 100
用高彩色、明亮色把窄小空间“变大” / 106
淡雅的后退色使狭长空间看起来更舒适 / 110
用强化或弱化配色改善不规则的空间 / 114

第二节 不理想的空间环境

明亮、清爽的配色可改善居室采光不佳的问题 / 120
拉伸、延展的配色可弱化空间层高过低的缺陷 / 124

第四章 用色彩创造家居风格

根据居室的面积和喜好选择设计风格 / 129

第一节 源于东方的家居风格

以现代思维展现融合型配色的新中式风格 / 136
从雨林中采撷艳丽配色的东南亚风格 / 144

第二节 源于西方的家居风格

色彩搭配高雅、和谐的新古典风格 / 154
配色简洁，体现空间纯净感的北欧风格 / 162
强调回归自然配色理念的美式乡村风格 / 170
从自然界中寻找配色灵感的田园风格 / 178
色彩组合纯美、奔放的地中海风格 / 186

第三节 包豪斯学派衍生出的家居风格

大胆追求配色效果反差的现代风格 / 196
以黑、白、灰为主色的简约风格 / 204

第五章 寻找适合自己的家居配色卡

第一节 成年人居室配色

体现冷峻感及力量感的男性空间配色 / 214
根据性格特征进行变化的女士空间配色 / 222
体现亲近、舒适感的老人房配色 / 230

第二节 儿童居室配色

激发想象力、刺激视觉发育的婴儿房配色 / 240
从男性家居中汲取灵感的男孩房配色 / 246
以唯美、梦幻为“王道”的女孩房配色 / 252

第三节 主题家居配色

以渲染喜庆氛围为主的婚房配色 / 260
兼顾人口特征、减少刺激感的三代同堂居室配色 / 268

第一章
色彩的奥秘

第一节

认识色彩

在对家居空间进行色彩设计之前，需要对色彩设计建立初步的印象，掌握什么是色相、色调、纯度、明度等，只有对色彩的特性进行充分了解，才能够更系统地进行色彩设计。

从色相、纯度、明度三种属性看配色 / 008
有彩色 + 无彩色，形成丰富的色彩架构 / 012
根据色相意义表达居住者的情感 / 014
决定家居空间整体氛围的色相关系 / 018
合理分配色彩 4 角色是配色成功的基础 / 020
形成开放与闭锁效果的色相型配色 / 028
表达色彩外观基本倾向的色调型配色 / 038

从色相、纯度、明度 三种属性看配色

色相、纯度及明度为色彩的三种属性。色相指的是色彩所呈现出的相貌。纯度指的是色素的饱和程度。明度是指色彩的深与浅所显示出的程度，明度变化即深浅的变化。进行家居配色时，遵循色彩的基本原理，使配色效果符合规律才能够打动人心，而调整色彩的任何一种属性，整体配色效果都会发生改变。

1 色相

色相指色彩所呈现出的相貌，是一种色彩区别于其他色彩最准确的标准，除了黑、白、灰三色，任何色彩都有色相。即便是同一类颜色，也能分为几种色相，如黄颜色可以分为中黄、土黄、柠檬黄等，灰颜色则可以分为红灰、蓝灰、紫灰等。

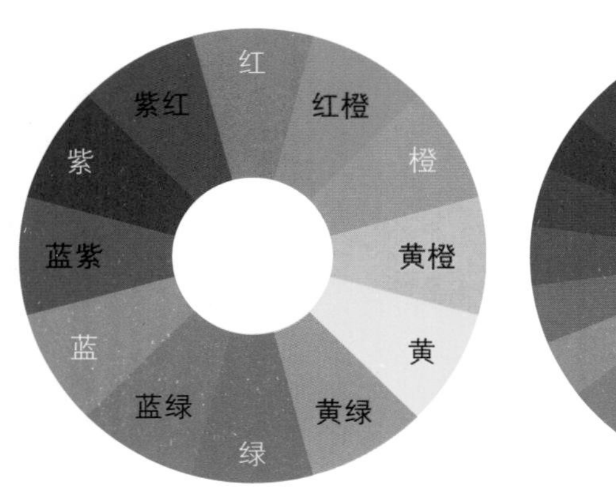

12 色相环

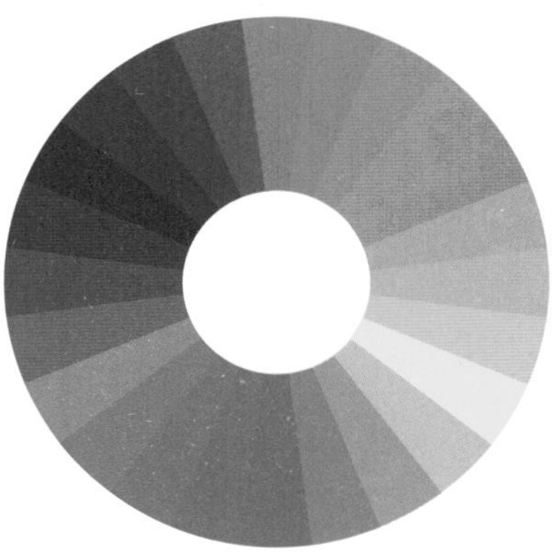

24 色相环

要点

MAIN POINTS

色相可以通过色相环来直观表现，常见的色相环分为 12 色和 24 色两种。原始的构成原色是六种色彩，即三原色（红、黄、蓝）和三间色（橙、绿、紫）。在各色中间加插一两个中间色，其头尾色相，按光谱顺序为：红、红橙、黄橙、黄、黄绿、绿、蓝绿、蓝、蓝紫、紫、紫红。掌握了基本色相，对配色就可以基本掌握。

2 明度

明度指色彩的明亮程度，明度越高的色彩越明亮，反之则越暗淡。白色是明度最高的色彩，黑色是明度最低的色彩。三原色中，明度最高的是黄色，蓝色明度最低。同一色相的色彩，添加白色越多明度越高，添加黑色越多明度越低。

加入白色提高色彩的明度　　加入黑色降低色彩的明度

明度差比较小的色彩互相搭配，可以塑造出优雅、稳定的室内氛围，让人感觉舒适、温馨；反之，明度差异较大的色彩互相搭配，会产生明快而富有活力的视觉效果。

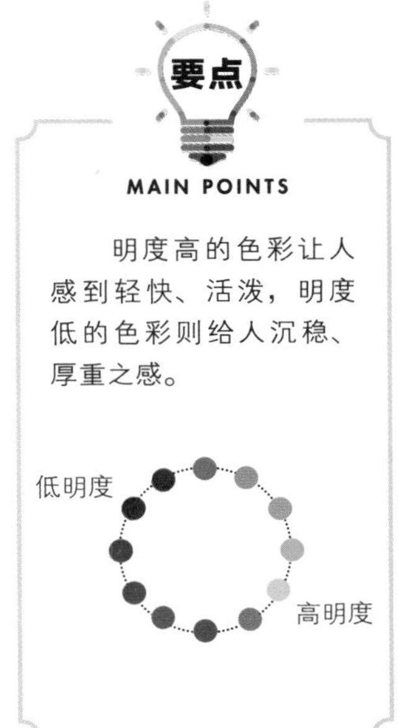

配色实例**对比解析**

明度差异大的色彩搭配起来更具视觉冲击力，十分活泼，具有明显的跳跃感，非常有力度

白色是明度最高的色彩，与明度同样较高的绿色进行搭配，给人十分明快感觉的同时，又不失稳定感

3 纯度

纯度指色彩的鲜艳程度，也叫饱和度、彩度或鲜度。原色的纯度最高，无彩色纯度最低，高纯度的色彩无论加入白色，还是黑色纯度都会降低。纯度高的色彩，给人鲜艳、活泼之感；纯度低的色彩，给人素雅、宁静之感。

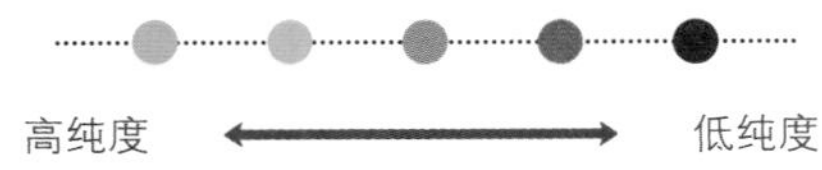

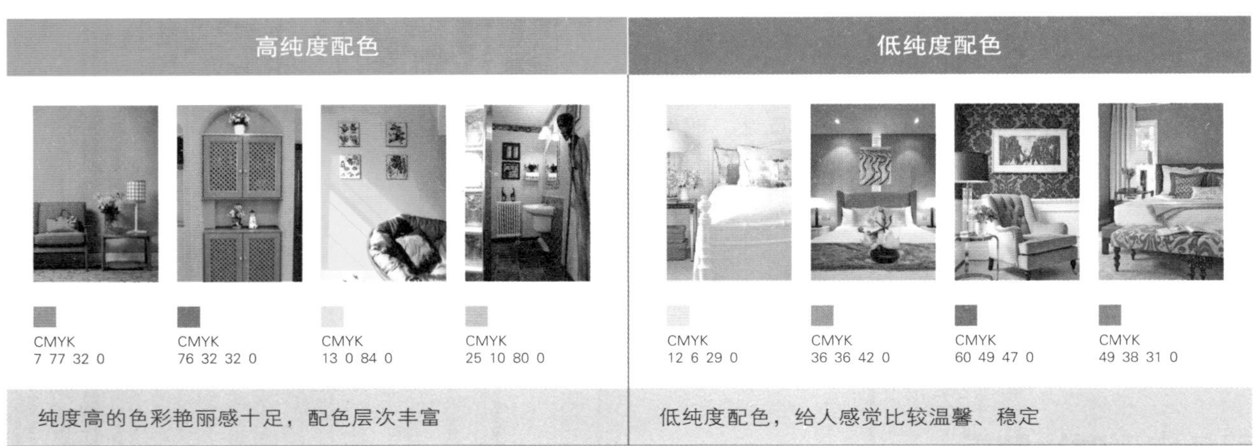

配色实例**对比解析**

几种色调进行组合，纯度差异大的组合方式可以达到艳丽的效果；如果纯度差异小，会给人低调、素雅的感觉。

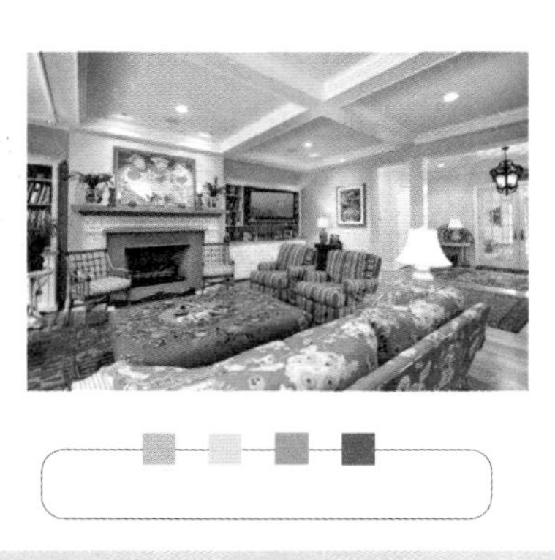

纯度差异大，视觉效果强烈、饱满

纯度差异小，给人稳定感，但缺少变化

链接

色相决定整体印象，明度、纯度制造差异

在进行家居配色时，整体色彩印象是由所选择的色相决定的，例如，使用红色与黄色或红色与蓝色等对比色组合为主色，会使人感觉欢快、热烈，使用蓝色或蓝色与绿色等类似色组合为主色，会使人感觉清新、稳定。而改变一个色相的明度和纯度就可以使相同色相的配色发生或细微或明显的变化。

▲其他部分的颜色完全相同，蓝色床品的组合使人感觉清新，而黄色床品的组合使人感觉更温暖

▲相同黄色系的床品，左图纯度高，给人感觉欢快；右图降低了明度和纯度，明快程度有所降低，更稳定、更温馨

周晓安
苏州周晓安空间装饰设计有限公司设计总监

色相的选择应考虑使用者的因素

在进行家居配色时，首先决定色相，而后决定明度和纯度，这样不容易出现问题，但居室色彩的设计不能脱离人而独立设计，应将居住者的年龄、性别等因素考虑进去，然后从色彩的基本原理出发进行有针对性的选择。例如老人房选择活泼的色彩，就会使居住者感觉不恰当、不舒适。

有彩色＋无彩色，
形成丰富的色彩架构

丰富多样的颜色可以分成两个大类，即无彩色系和有彩色系。有彩色是具备光谱上的某种或某些色相，统称为彩调。与此相反，无彩色就没有彩调。另外，无彩色系有明有暗，表现为白、黑，也称色调。有彩色的表现复杂，但可以用色相、明度和彩度值来确定。

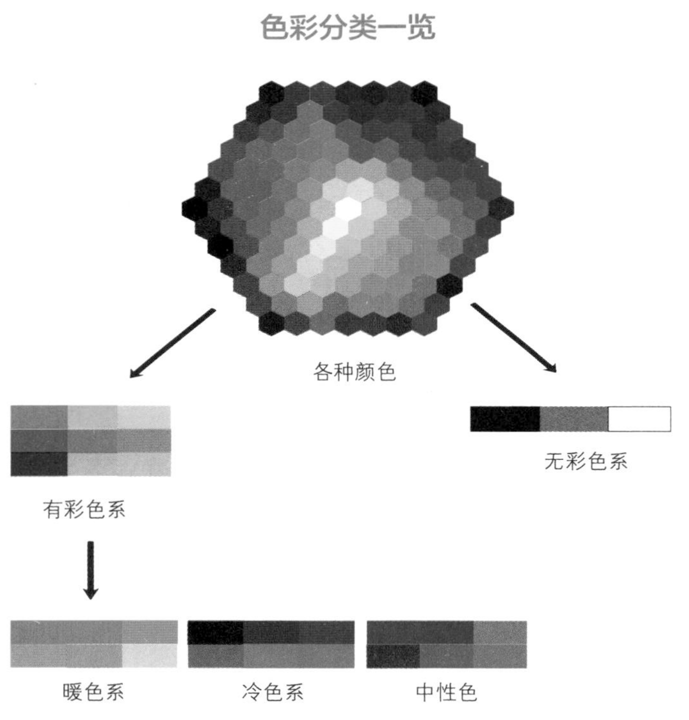

1 暖色系

给人温暖感觉的颜色，称为暖色系。紫红、红、红橙、橙、黄橙、黄、黄绿等都是暖色，暖色给人柔和、柔软的感觉。

要点 MAIN POINTS
居室中若大面积地使用高纯度的暖色容易使人感觉刺激，可调和使用。

2 冷色系

给人清凉感觉的颜色，称为冷色系。蓝绿、蓝、蓝紫等都是冷色，冷色给人坚实、强硬的感觉。

要点 MAIN POINTS
在居室中，不建议将大面积的暗沉冷色放在顶面和墙面上，容易使人感觉压抑。

3 中性色

紫色和绿色没有明确的冷暖偏向，称为中性色，是冷色和暖色之间的过渡色。

要点 MAIN POINTS
绿色在家居空间中作为主色时，能够塑造出惬意、舒适的自然感，紫色则凸显高雅且具有女性特点。

4 无彩色系

黑色、白色、灰色、银色、金色没有彩度的变化，称为无彩色系。

要点 MAIN POINTS
在家居空间中，单独一种无彩色不易塑造强烈的个性，多作为背景使用，但将两种或多种无彩色搭配使用时，能够塑造出强烈的个性。

Designer 设计师微课堂

李文彬
武汉桃弥设计工作室设计总监

有彩色系与无彩色系在软装中的应用区别

使用以暖色为主的软装，能够避免居室产生空旷感和寂寥感。用冷色软装，可以扩大空间的视觉感，也可以让人口多的家庭显得安静一些。以中性色作为软装主色时，小空间适合高明度的中性色，空旷的空间适合低明度的中性色。无彩色系的配色，基本上不受居室面积的限制，且可以与任何其他色相搭配。仅在无彩色系范围内做软装搭配，可以塑造出极具时尚感和前卫感的氛围。

根据色相意义
表达居住者的情感

当色彩的不同波长光信息作用于人的视觉器官，通过视觉神经传入大脑后，人经过思维会与以往的记忆及经验产生联想，从而形成一系列的色彩心理反应，称为“色彩的情感意义”。了解色彩的情感意义，就能够有针对性地根据居住者的性格、职业来选择适合的家居配色方案。

1 红色

红色象征活力、健康、热情、喜庆、朝气、奔放。人们看见红色会有一种迫近感和心跳加速的感觉，红色能够引发人兴奋、激动的情绪。

要点
MAIN POINTS

大面积使用高纯度红色，容易使人烦躁、易怒；少量点缀使用，则会显得具有创意。

2 粉色

粉色是时尚的颜色，有很多不同的分支和色调，从淡粉色到橙粉红色，再到深粉色等，通常给人浪漫、天真的感觉，让人第一时间联想到女性特征。

要点
MAIN POINTS

粉色可以使激动的情绪稳定下来，有助于缓解精神压力，适用于女儿房、新婚房等。

3 黄色

黄色是一种积极的色相，使人感觉温暖、明亮，象征着快乐、希望、智慧和轻快的个性，给人灿烂辉煌的视觉效果。

要点
MAIN POINTS

可大面积在家居中使用黄色，提高明度会更显舒适，特别适用采光不佳的房间及餐厅。

4 橙色

橙色融合了红色和黄色的特点，比红色的刺激度有所降低，比黄色热烈，是最温暖的色相，具有明亮、轻快、欢欣、华丽、富足的感觉。

要点
MAIN POINTS

空间不大，避免大面积使用高纯度橙色，容易使人兴奋，较为适用于餐厅、工作区。

5 蓝色

蓝色给人博大、静谧的感觉，是永恒的象征，纯净的蓝色文静、理智、安详、洁净，能够使人的情绪迅速地平和下来。

要点
MAIN POINTS

采光不佳的空间应避免大面积使用明度和纯度较低的蓝色，容易使人感觉压抑、沉重。

6 绿色

绿色具有和睦、宁静、自然、健康、安全、希望的意义，是一种非常平和的色相。绿色是春季的象征，带有生命的含义。

要点 MAIN POINTS

大面积使用绿色时，可以采用一些具有对比色或补色的点缀品，以此丰富空间的层次感。

7 紫色

紫色象征神秘、热情、温和、浪漫及端庄、优雅，明亮或柔和的紫色具有女性特点。紫色能够提高人的自信，使人情绪高涨。

要点 MAIN POINTS

紫色适合小面积使用，若大面积使用，建议搭配具有对比感的色相，效果更自然。

8 褐色

褐色又称棕色、赭色、咖啡色、啡色、茶色等，是由混合少量红色及绿色、橙色及蓝色或黄色及紫色颜料构成的颜色。褐色属于大地色系，可使人联想到土地，使人心情平和。

要点 MAIN POINTS

褐色常用于乡村、欧式古典家居，也适合老人房，给人沉稳的感觉，可以较大面积使用。

9 白色

白色是明度最高的色彩，给人明快、纯真、洁净的感受，用来装饰空间，能营造出优雅、简约、安静的氛围。同时，白色还具有扩大空间面积的作用。

要点
MAIN POINTS
大面积使用白色，容易使空间显得寂寥，设计时可搭配温和的木色或用鲜艳的色彩进行点缀。

10 灰色

灰色给人温和、谦让、中立、高雅的感觉，具有沉稳、考究的装饰效果，是一种在时尚界不会过时的颜色。灰色用在居室中，能够营造出具有都市感的氛围。

要点
MAIN POINTS
使用低明度的灰色，应避免产生压抑感，可控制使用面积或采用与高明度色彩组合的图案。

11 黑色

黑色是明度最低的色彩，给人深沉、神秘、寂静、悲哀、压抑的感觉。黑色用在居室中，给人稳定、庄重的感觉。同时黑色非常百搭，可以容纳任何色彩，怎样搭配都非常协调。

要点
MAIN POINTS
不建议墙上大面积使用黑色，易使人感觉沉重、压抑，可作为家具或地面主色。

决定家居空间
整体氛围的色相关系

色相环上的色相关系包括了同相色、近似色、对比色和互补色。居室内所选用色相之间的色彩关系，决定了室内的整体氛围。例如，同相色组合平和、稳定；近似色组合仍然稳定，但让人感觉层次更突出；对比色组合活泼、华丽；互补色组合最具冲击力。

1 同相色

同相色是指在同一个色相中，在不同明度及纯度范围内变化的色彩，例如，深蓝、湖蓝、天蓝，都属于蓝色系，只是明度、纯度不同。

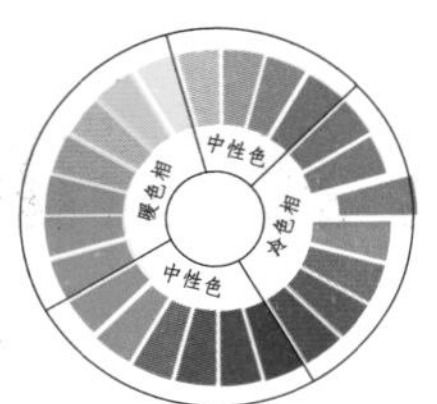

2 近似色

在色相环上临近的色相互为近似色，具体可理解为以一个色相为基色的情况下，无论几色的色相环，相隔 90° 以内的色相均为其近似色。例如，以天蓝色为基色，黄绿色和蓝紫色右侧的色相均为其近似色。

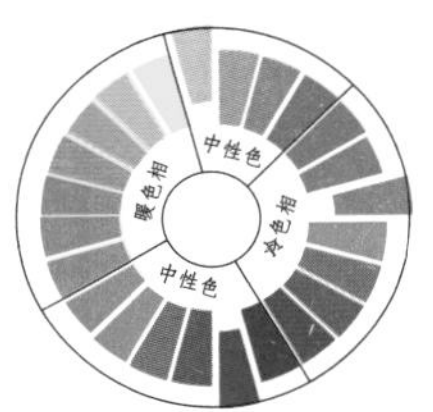

3 对比色

对比色是指在色相冷暖相反的情况下，将一个色相作为基色，与其成 120° 至 180° 位置上的色相为其对比色，该色左右位置上的色相也可视为基色的对比色，例如，黄色和红色可视为蓝色的对比色。

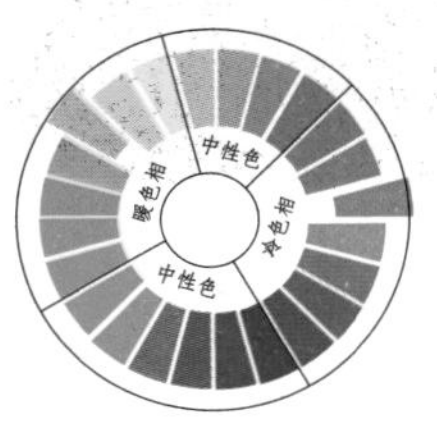

4 互补色

无论色相环上的色相有多少，以一个颜色为基色的情况下，与其成 180° 位置上的色相为其互补色。例如，黄色和紫色、蓝色和橙色、红色和绿色。

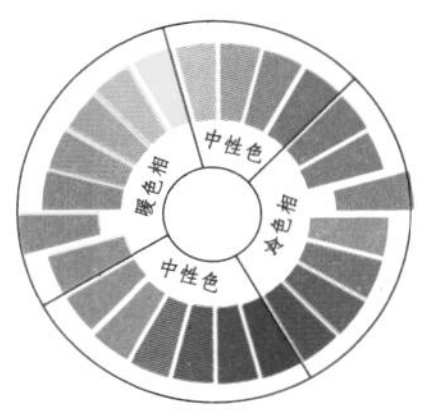

链接

色彩关系决定空间氛围

所用色彩之间的关系决定了空间的整体氛围，同相色搭配组合效果内敛、稳定；近似色搭配组合稳重、平静，比前者层次感更明显；对比色组合色相差距大、对比度高，具有强烈的视觉冲击力，活泼、华丽；互补色搭配效果与对比色组合类似，但对比感更强一些。

▲左图用同色相不同明度的粉色组合，浪漫、平和；右图用粉红色和紫色搭配，是近似色组合，在稳定的基础上更活跃一些

▲左图用粉色与蓝色搭配，为对比色组合，效果活泼、华丽；右图用橙色与蓝色搭配，为互补色组合，活泼之余更加醒目

合理分配色彩 4 角色
是配色成功的基础

家居空间中的色彩，既体现在墙、地、顶，也体现在门窗、家具上，同时窗帘、饰品等软装的色彩也不容忽视。事实上，这些色彩扮演着不同的角色，在家居配色中，了解了色彩的角色，合理区分，是成功配色的基础之一。

色彩的 4 种角色

背景色：指占据空间中最大比例的色彩（占比60%），通常为家居空间中的墙面、地面、顶面、门窗、地毯等大面积的色彩，是决定空间整体配色印象的重要角色

主角色：指居室的主体的色彩（占比20%），包括大件家具、装饰织物等构成视觉中心的物体的色彩，是配色的中心

配角色：常陪衬主角色（占比 10%），视觉重要性和面积次于主角色。通常为小家具，如边几、床头柜等色彩，使主角色更突出

点缀色：指居室中最易变化的小面积色彩（占比 10%），如工艺品、靠枕、装饰画等。点缀色通常颜色比较鲜艳，若追求平稳感也可与背景色靠近

链接

色彩的角色并不限于单个颜色

同一个空间中，色彩的角色并不局限于一种颜色，如客厅中顶面、墙面和地面的颜色常常是不同的，但都属于背景色。一个主角色通常也会有很多配角色来陪衬，协调好各个色彩之间的关系也是进行家居配色时需要考虑的。

主角色 （米白色的沙发）	CMYK 16 14 19 0	主角色可以是一种颜色，也可以是一个单色系
配角色 （茶色的茶几、褐色的箱子边桌）	CMYK 63 82 83 49 CMYK 50 66 60 0	配角色可以是一种颜色，或者一个单色系，也可以由多个色相组成
背景色 （白色墙面、桃红色地毯）	CMYK 11 11 11 0 CMYK 10 67 8 0	背景色由顶面、墙面、地面，以及地毯组成，往往为多个色相
点缀色	CMYK 8 64 48 0 CMYK 10 76 56 0 CMYK 80 38 90 0 CMYK 33 43 97 0 CMYK 88 53 49 0	点缀色的设置比较自由，通常为多个色相组合而成

1 背景色奠定空间基调

在同一空间中，家具的颜色不变，更换背景色，就能改变空间的整体色彩感觉。例如，同样白色的家具，蓝色背景显得清爽，而黄色背景则显得活跃。

配色实例对比解析

MAIN POINTS

在顶面、墙面、地面等所有的背景色界面中，因为墙面占据人的水平视线部分，往往是最引人注意的地方。因此，改变墙面色彩是改变色彩感觉最为直接的方式。

背景色与主角色属于同一色相，色差小，整体给人稳重、低调的感觉

背景色与主角色属于对比色，色差大，整体给人紧凑、有活力的感觉

同一组物体不同背景色的区别

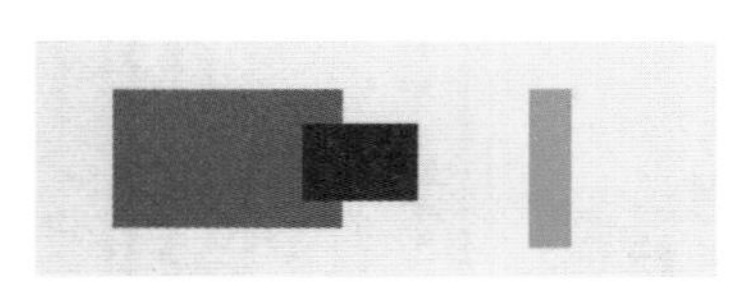

淡雅的背景色给人柔和、舒适的感觉

艳丽的纯色背景给人热烈的印象

深暗的背景色给人华丽、浓郁的感觉

在家居空间中，背景色通常会采用比较柔和的淡雅色调，给人舒适感，若追求活跃感或者华丽感，则使用浓郁的背景色。

配色实例**对比解析**

淡雅的浅色调做背景色，显得柔和、舒适，给人和谐的感觉	深蓝色做背景色，显得浓郁、刚毅，同时具有收缩性

2 主角色构成中心点

不同空间的主角有所不同，因此主角色也不是绝对性的，例如，客厅中的主角色是沙发，而餐厅中的主角色可以是餐桌也可以是餐椅，而卧室中的主角色绝对是床。

▲客厅中沙发占据视觉中心和中等面积，是多数客厅空间的主角色

▲餐桌与背景色统一色彩，这里的餐椅就是主角色，占据了绝对突出的位置

▲卧室中，床是绝对的主角，具有无可替代的中心位置

主角色选择可以根据情况分成两种：若想获得活跃、鲜明的视觉效果，选择与背景色或配角色互为对比色的色彩；若想获得稳重、协调的效果，则选择与背景色或配角色类似，或同色相不同明度或纯度的色彩。

配色实例**对比解析**

作为背景色的墙面与做为主角色的沙发同属于蓝色系，给人稳重、和谐的感觉

主角色同为蓝色沙发，因与红色的背景色墙面形成对比，使人感觉鲜明、生动

Designer 设计师微课堂

赖小丽
广州胭脂设计事务所创始人、设计总监

空间配色可以从主角色开始

一个空间的配色通常从主要位置的主角色开始进行，例如，选定客厅的沙发为橙色，然后根据风格进行墙面即背景色的确立，再继续搭配配角色和点缀色，这样的方式主体突出，不易产生混乱感，操作起来比较简单。

3 配角色映衬主角色

配角色的存在，是为了更好地映衬主角色，通常可以让空间显得更为生动，能够增添活力。两种角色搭配在一起，构成空间的“基本色”。

配色实例**对比解析**

灰绿色为主角色，橙红色为配角色，橙红色虽然明度高，但面积小，不会压制住灰绿色

双人沙发的深紫色为主角色，面积上占绝对优势，配角色的土黄色单人座椅，处于次要地位

配角色的面积要控制

通常配角色所在的物体数量会多一些，需要注意控制住它的面积，不能使其超过主角色。

主角色 配角色

✕ 配角色面积过大，主次不分明

✓ 缩小配角色面积，形成主次分明且有层次的配色

通过对比凸显主角色的方法

蓝色为主角色，搭配相近色

提高两者的色相差

对比色，更加凸显了蓝色

配角色通常与主角色存在一些差异，以凸显主角色。配角色与主角色形成对比，则主角色更加鲜明、突出，若与主角色临近，则会显得松弛。

配色实例**正误解析**

✕ 配角色与主角色相近，整体配色显得有些松弛

✓ 配角色与主角色存在明显的明度差，主角色更显鲜明、突出

4 点缀色使空间更生动

点缀色通常是一个空间中的点睛之笔，用来打破配色的单调。对于点缀色来说，它的背景色就是它所依靠的主体，例如，沙发靠垫的背景色就是沙发，装饰画的背景就是墙壁。因此，点缀色的背景色可以是整个空间的背景色，也可以是主角色或者配角色。

家居空间中常见的点缀色

插花、抱枕

装饰画、装饰品

在进行色彩选择时通常选择与所依靠的主体具有对比感的色彩，来打造生动的视觉效果。若主体氛围足够活跃，为追求稳定感，点缀色也可与主体颜色相近。

配色实例**对比解析**

靠垫的色彩艳丽，与沙发搭配具有强烈的对比感，使空间氛围欢快

靠垫与沙发的色彩差异小，打造出清新、柔和的效果

点缀色的面积不宜过大

搭配点缀色时，注意点缀色的面积不宜过大，
面积小才能够加强冲突感，提高配色的张力。

✗ 红色的面积过大，产生了对决的效果

✓ 缩小红色的面积，起到画龙点睛的作用

点缀色的点睛效果

✗ 点缀色过于淡雅，不能起到点睛作用

✓ 高纯度的点缀色，使配色变得生动

形成开放与闭锁效果的
色相型配色

配色设计时，通常会采用至少两到三种色彩进行搭配，这种色相的组合方式称为色相型。色相型不同，产生的效果也不同，总体可分为开放和闭锁两种感觉。闭锁类的色相型用在家居配色中能够塑造出平和的氛围，而开放型的色相型，色彩数量越多，塑造的氛围越自由、越活泼。

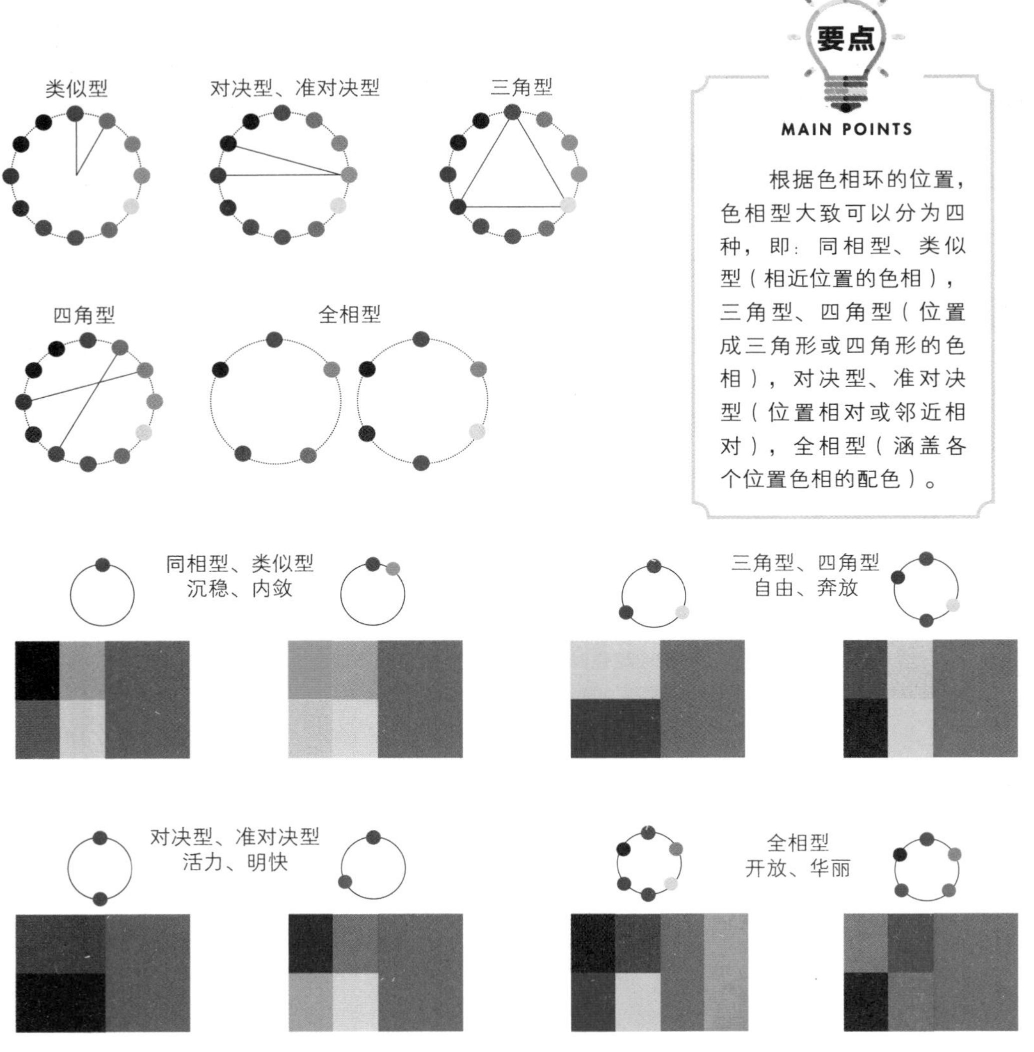

要点
MAIN POINTS

根据色相环的位置，色相型大致可以分为四种，即：同相型、类似型（相近位置的色相），三角型、四角型（位置成三角形或四角形的色相），对决型、准对决型（位置相对或邻近相对），全相型（涵盖各个位置色相的配色）。

1 同相型、类似型配色

完全采用统一色相的配色方式被称为同相型配色，用邻近的色彩配色称为类似型配色。两者都能给人稳重、平静的感觉，仅在色彩印象上存在区别。

MAIN POINTS

同相型配色限定在同一色相中，具有闭锁感；类似型的色相幅度比同相型有所扩展，在24色相环上，4份左右的为邻近色，同为冷色或暖色范围内，8份差距也可归为类似型。

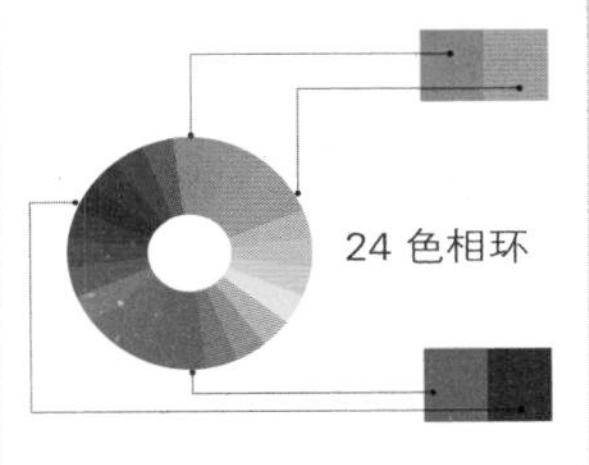

同相型

CMYK 32 68 59 0　CMYK 18 46 34 0　CMYK 32 60 63 0

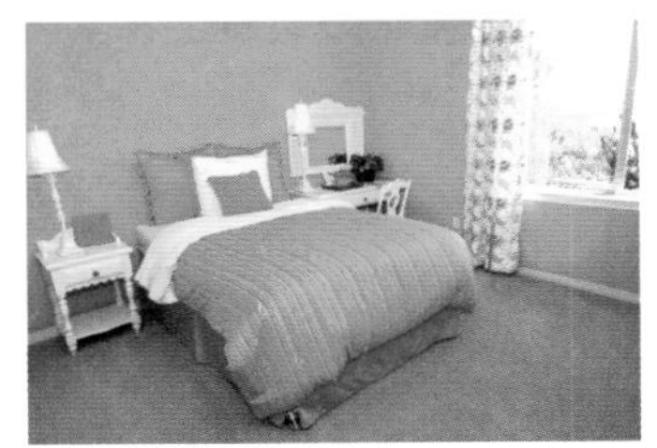

CMYK 0 46 68 0　CMYK 0 65 67 0　CMYK 18 46 66 0

形成闭锁感，体现出执着性、稳定感

类似型

CMYK 6 100 76 0　CMYK 16 70 10 0　CMYK 41 28 100 0

CMYK 68 33 20 0　CMYK 95 77 19 0　CMYK 61 12 100 0

色相幅度有所增加，更加自然、舒适

2 对决型、准对决型配色

对决型是指在色相环上位于 180° 相对位置上的色相组合，接近 180° 位置的色相组合则称为准对决型。此两种配色方式色相差大，视觉冲击力强，可给人以深刻的印象。

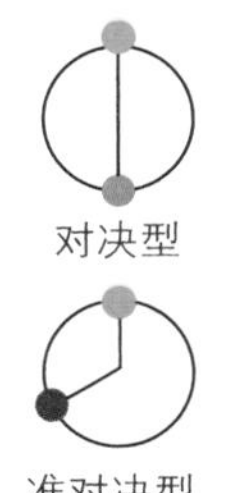
对决型

准对决型

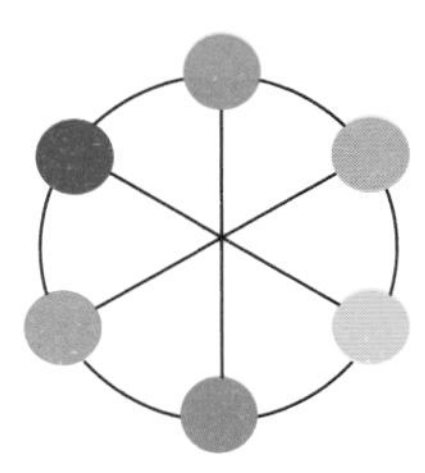
色相环

对决型

准对决型

对决型

CMYK 12 85 10 0　CMYK 51 0 60 0

CMYK 11 70 87 0　CMYK 81 74 52 16

充满张力，给人舒畅感和紧凑感

准对决型

CMYK 52 100 86 35　CMYK 50 18 17 0

CMYK 10 10 60 0　CMYK 42 18 22 0

紧张感降低，紧凑感与平衡感共存

MAIN POINTS

使用对决型配色方式可以营造出活泼、华丽的氛围；若为接近纯色调的对决型配色，则可以形成充满刺激性的艳丽色彩印象。由于对决型配色过于刺激，家居中通常采用准对决型配色方式。准对决型配色方式比对决型要缓和一些，兼具一些平衡感。

配色实例**对比解析**

红色和绿色为对决型配色，在家居中采用对决型配色会让人感觉过于刺激，采用棕红色与墨绿色的搭配使空间既有活力又有平衡感

用蓝色与红色组成准对决型配色，避免造成空间的紧张感，局部式的准对决型配色使氛围活跃的同时又不会过于刺激

卧室的整体为类似型配色，稳定、温馨，但是略显单调、乏味，缺乏活力

将空间中的软装调整为蓝色系，配色变成了准对决型，整体平衡性仍然存在，却多了活力和动感

配色禁忌

不建议在家庭空间中大面积地使用对决型配色，对比过于强烈，长时间处于这样的空间里会让人产生烦躁感和不安的情绪，若使用则应适当降低纯度，避免配色过度刺激；准对决型配色比对决型配色要略为温和一些，可以作为主角色或者配角色使用，若作为背景色则不宜等比例或大面积使用。

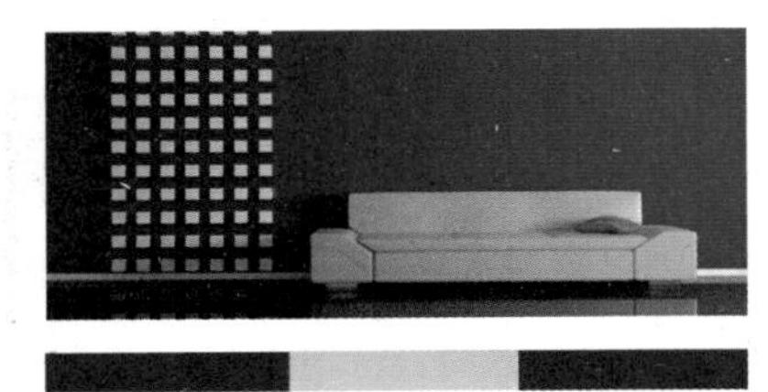

✕ 对决型配色纯度过高，紫色的面积过大，舒适感降低，感觉过于刺激

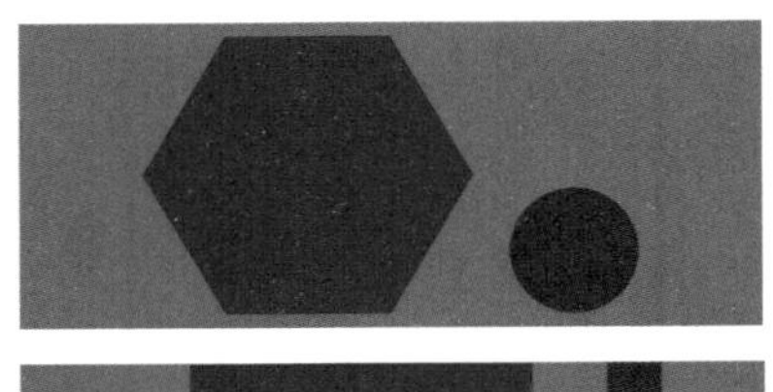

✕ 用红色做背景色，且红色与蓝色面积相差不大，感觉过于刺激

3 三角型、四角型配色

在色相环上，能够连线成为正三角形的三种色相进行组合为三角型配色，如红色、黄色、蓝色；两组互补型或对比型配色组合为四角型。三间色组成的三角型比三原色要缓和一些，四角型醒目又紧凑。

三角型配色

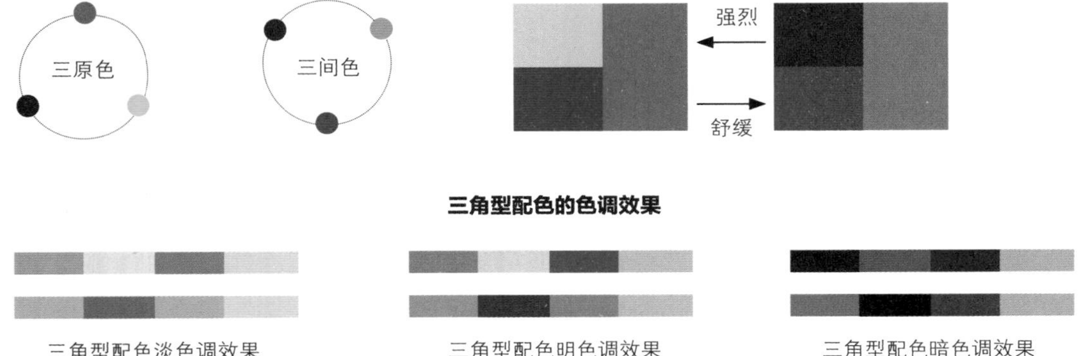

配色实例**对比解析**

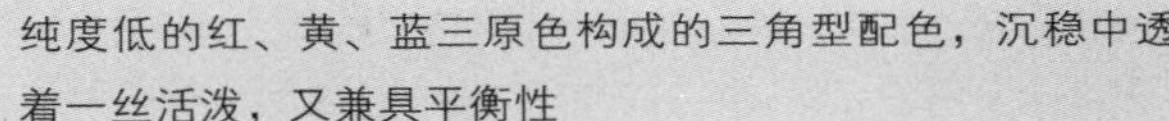

纯度低的红、黄、蓝三原色构成的三角型配色，沉稳中透着一丝活泼，又兼具平衡性

纯度高的红、黄、蓝三原色构成的三角型配色，轻松、活泼又兼具平衡感

四角型配色

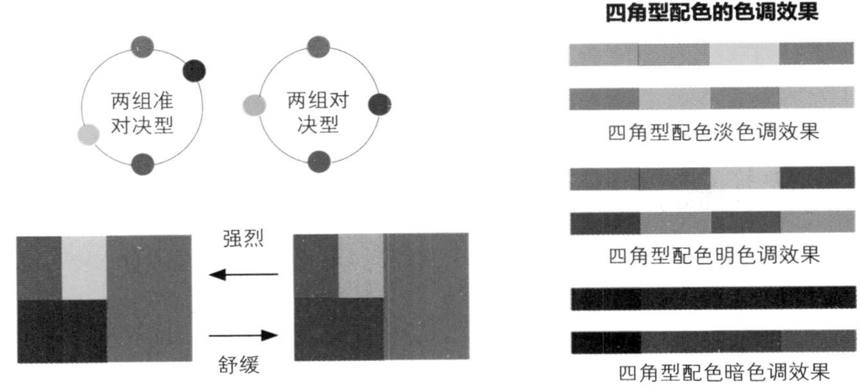

配色实例**对比解析**

红色、绿色、蓝色、黄色两组对决色构成了四角型配色方式，蓝色作为背景色显得静谧而悠远，其他色彩点缀其中，使空间具有紧凑感和活力

同样以红色、黄色、蓝色、绿色构成四角型配色，但以明色调的红色作为背景色，蓝色作为主角色，黄色和绿色作为点缀色，色彩感觉更活跃，空间平衡而不乏味

三角型与四角型配色效果比对

三角型

三角型配色兼具动感与平衡感，是最为稳定的搭配方式，不易出错

去掉三角型配色中的绿色，变成黄色与紫色的对决型，不再显得热烈

去掉三角型配色中的黄色，变成绿色与紫色的准对决型，显得沉闷

四角型

紫色和绿色，蓝色和黄色，两组对决色构成的四角型配色，令人感觉安定而紧凑

只有紫色与绿色的对决型配色，仍然紧凑但不够柔和，比四角型呆板一些

去掉紫色和黄色，在蓝色和绿色区域形成类似型配色，产生封闭感和寂寥感

4 全相型配色

在色相环上，没有冷暖偏颇地选取五六种色相组成的配色为全相型配色，它包含的色相很全面，形成一种类似自然界中的丰富色相，充满活力和节日气氛，是最开放的色相型。在家居配色中，全相型最多出现在软装上以及儿童房中。通常来说，如果运用的配色有五种就属于全相型配色，用的色彩越多会让人感觉越自由。

MAIN POINTS

全相型配色产生的活跃感和开放感，并不会因为颜色的色调而消失，不论是明色调还是暗色调，或是与黑色、白色进行组合，都不会失去其开放而热烈的特性。

配色实例**对比解析**

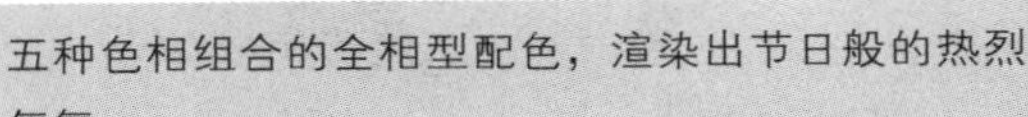

五种色相组合的全相型配色，渲染出节日般的热烈气氛

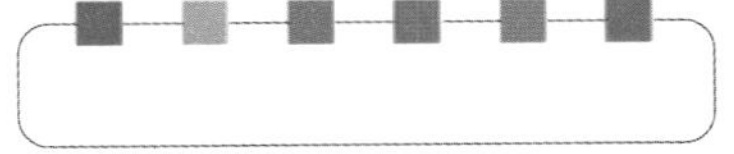

六色相全相型配色将色彩自由排列，令配色更加自由

以三原色为基础的各个类型的配色效果

三角型　四角型

五色全相型　六色全相型

◀不论是暗色调，还是淡色调的全相型配色，都会形成开放感和轻松氛围

▲在餐厅中，可以采用全相型配色的餐具进行点缀，能够促进食欲，渲染欢快的用餐氛围

▲在家居环境中，除了儿童房，最常用到全相型配色的地方莫过于靠垫类的软装，可以为平淡的空间增添开放、活泼的节日氛围

五色全相型与六色全相型配色效果比对

五色全相型

全相型配色是最为开放的色彩组合方式，可以渲染欢快、自由的节日气氛

去掉全相型中的紫色，变成四角型配色，开放度下降，不够热烈

去掉全相型中的橙色和绿色，变成三角型配色，稳定但缺少变化

六色全相型

六色构成的全相型配色比五种颜色的全相型配色更为热烈、活跃

在进行全相型配色时，如果选取的颜色位置不平衡，则易变成准对决型

若选取的颜色在色相环上偏于一侧，全相型配色就会变成三角型

链接

色相型的构成

在一个居室的配色方面，面积较大的色彩可以分为主角色、配角色以及背景色三种，它们的色相组合以及位置关系决定了整个空间的色相型。可以说，空间的色相型是由以上三个因素之间的色相关系决定的。色相型的决定通常以主角色作为中心，确定其他配色的色相，也可以以背景色作为配色基础。

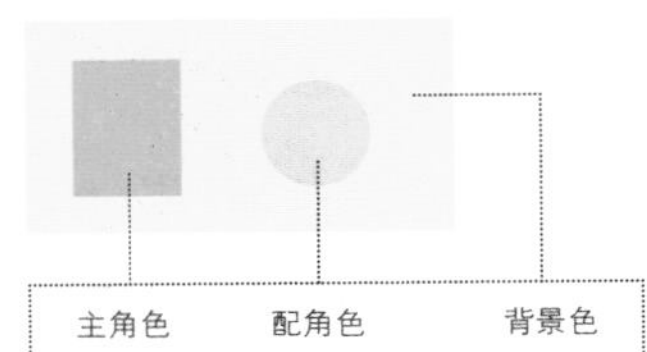

背景色、主角色和配角色均为黄色系，构成了类似型配色

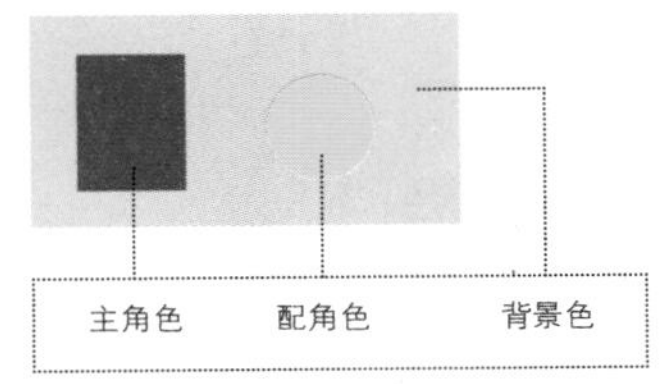

背景色及主角色均为蓝色，配角色为黄色，构成对决型配色

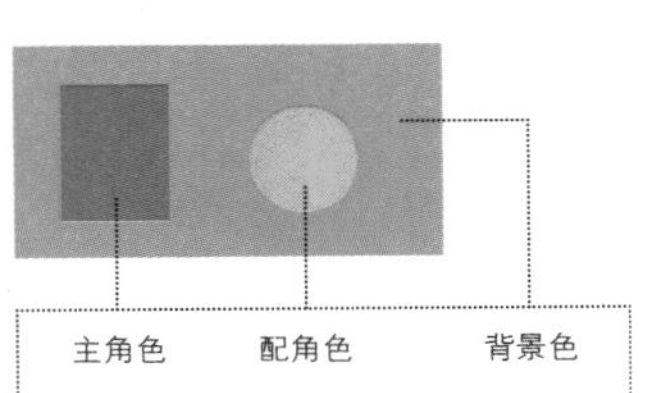

背景色为蓝色，主角色为红色，配角色为黄色，构成了三角型配色

表达色彩外观基本倾向的
色调型配色

色调是色彩外观的基本倾向，指色彩的浓淡、强弱程度，在明度、纯度、色相这三个要素中，某种因素起主导作用就称之为某种色调。色调型主导配色的情感意义在于，一个家居空间中即使采用了多个色相，只要色调一致，就会使人感觉稳定、协调。

1 纯色调

纯色调是没有加入任何黑、白、灰进行调和的最纯粹的色调，纯色调最鲜艳。由于没有混杂其他颜色，给人活泼、健康、积极的印象，具有强烈的视觉吸引力，比较刺激。

2 明色调

纯色调中加入少量白色形成的色调为明色调，鲜艳度比纯色调有所降低，但完全不含有灰色和黑色，所以显得更通透、纯净，给人以明朗、舒畅的感觉。

3 淡色调

纯色调中加入大量白色形成的色调为淡色调，纯色的鲜艳度被大幅度减低，活力、健康的感觉变弱，由于没有加入黑色和灰色，显得甜美、柔和而轻灵。

4 浓色调

纯色中加入少量的黑色形成的色调为浓色调，健康的纯色调加入黑色，给人以力量感和豪华感，与活泼、艳丽的纯色调相比，更显厚重、沉稳、内敛，并带有一点素净感。

5 明浊色调

淡色调中加入一些明度高的灰色形成的色调为明浊色调，具有都市感和高级感，能够表现出优美和素雅。

6 微浊色调

纯色加入少量灰色形成的色调为微浊色调，它兼具了纯色调的健康和灰色的稳定，能够表现出具有素净感的活力，比起纯色调刺激感有所降低，很适合表现自然、轻松的氛围。

7 暗浊色调

纯色加入深灰色形成的色调为暗浊色调，兼具了暗色的厚重感和浊色的稳定感，给人沉稳、厚重的感觉。暗浊色调能够塑造出自然、朴素的氛围，形成男性色彩印象。

8 暗色调

纯色加入黑色形成的色调为暗色调，是所有色调中最为威严、厚重的色调，融合了纯色调的健康感和黑色的内敛感。暗色调能够塑造出严肃、庄严的空间氛围。

色调主导色彩的情感意义

色调主导色彩的情感意义，所谓的情感意义是指一种色彩给人的感觉，例如，纯正的红色让人感觉热烈、火热，而深红色则倾向于复古、厚重，淡红色则更为柔和。用女性比喻的话，纯色调的红色热情、深色调的红色成熟，而淡色调的红色温柔。

空间氛围热情

空间氛围成熟

空间氛围柔和

链接

多色调组合更自然、更丰富

一个家居空间中即使采用了多个色相，但色调一样也会让人感觉很单调，且单一色调也极大地限制了配色的丰富性。通常情况下，空间中的色调都不少于 3 种，背景色会采用两三种色调，主角色为 1 种色调，配角色的色调可与主角色相同，也可做区分，点缀色通常是鲜艳的纯色调或明色调，这样才能够组成自然、丰富的层次感。

两种色调搭配

纯色
健康但过于刺激

淡色
优雅但过于寡淡

混合色
集两者优点

将具有健康、活力感觉的纯色调与优雅的淡色调相搭配，使纯色的强烈感被抵消，显得更为舒适

暗色
威严但易压抑

明色
明快但略显平凡

混合色
集两者优点

将具有干净整洁感的明色调与沉稳的暗色调相搭配，弱化了沉闷感，稳重而不显死板

▲左图和右图均为同相型配色组合，可以看出即使采用同相型配色方式，只要色调丰富也不会让人感觉过于单调

三种色调搭配

暗色
威严但易压抑

明色
明快但略显平凡

淡色
优雅但过于寡淡

混合色
集三者所长

厚重的暗色调加入淡色调和明色调后，丰富了明度的层次感，不再显得沉闷、压抑

▲以无色相的黑、白、灰为主的空间中，采用不同色调的组合，也能够使人感受到丰富、自然的层次

第二节

色彩与居室环境

色彩在家居空间中的表现常受制于一些因素，如空间朝向、家居材料、空间照明等，只有色彩与这些因素和谐共存时，家居配色才能满足赏心悦目与实用的诉求。

利用色彩对光线的反射率改善居室环境 / 040

调节重心配色改变空间整体感觉 / 042

空间配色依附家居材质而存在 / 044

不同色温表达不同的配色效果 / 048

利用色彩对光线的反射率
改善居室环境

在一个家居空间中，有的房间向南，而有的房间向北；当楼房面向西时，还会出现向东、向西的房间。不同朝向的房间，自然光照也不同。例如，南向房间光照足，正午容易让人感觉燥热，而北向房间则比较阴暗。可以利用不同色彩对光线反射率的不同这一特点，来改善居室环境。

北向房间：北向房间基本没有直接光照，显得比较阴暗，可以采用明度比较高的暖色来装饰空间，使人感觉温暖一些

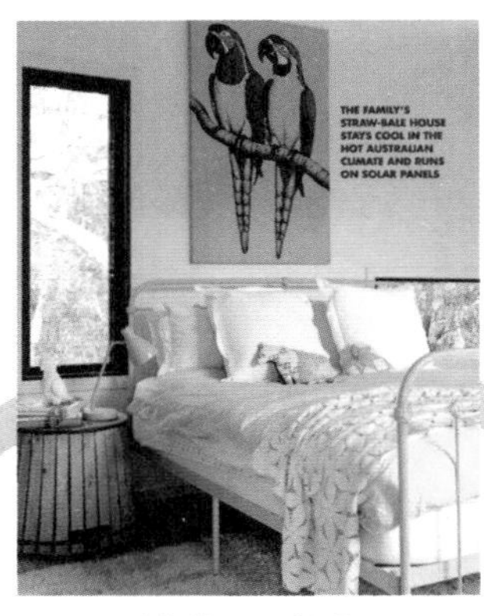

▲采用暖色增添温馨感，弱化室内阴暗之感

西向房间：光照变化更强，下午基本处于直射状态，且时间长，它的色彩搭配方式与东向房间相同，在色相选择上可以选择冷色系，以应对下午过强的日照

◀冷色调给人清凉感，避免强烈光照造成的炎热感

▶灰蓝色与无色系搭配，适应光线变化

东向房间：上下午的光线变化较大，日光直射或者与日光相对的墙面宜采用吸光率比较高的深色，背光的墙面采用反射率较高的浅色会让人感觉更为舒适一些

▼冷色系为背景色，有效降低燥热感

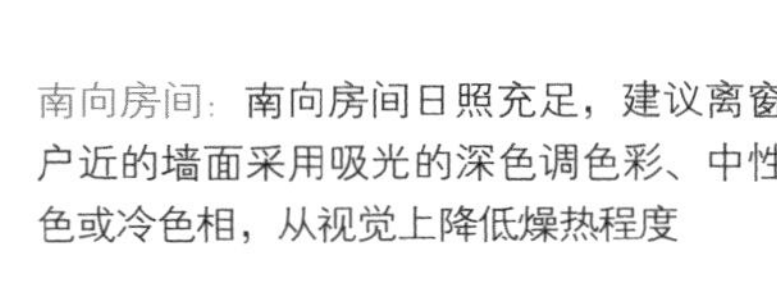

南向房间：南向房间日照充足，建议离窗户近的墙面采用吸光的深色调色彩、中性色或冷色相，从视觉上降低燥热程度

链接

居室配色与气候

一年四季中，大部分地区的光照和温度都有很大的变化，当这种变化令人感到不适时，可以通过调整空间的配色来解决。例如，温带和寒带，调整的策略就有很大区别，通常情况下，一年之中温暖时间长的地区适宜多用冷色，而寒冷时间长的地区适宜多用暖色。

▲炎热时间较长的地区可以多用一些冷色系，寒冷时间较长的地区可以多用一些暖色系

▲当季节特征明显时，感到炎热可以将软装换成冷色系，感到寒冷可以将软装换成暖色系

Designer 设计师微课堂

沈健
苏州周晓安空间装饰设计有限公司设计师

改变软装色彩即可迎合季节变化

当季节发生变化时，可以不改变墙面、地面等固定配色，而通过改变软装的色调来增加居住者的舒适感。这种方法简单、有效，能够让家保持新鲜感。即使墙面、地面的颜色不变，只要改变窗帘、布艺、沙发套、抱枕等的颜色，就能使氛围发生改变。

调节重心配色改变
空间整体感觉

重色，即明度低的色彩。在一个居室中，重色具有更大的重量感，它的分布决定着空间的重心，可以通过重心的调节来改变空间的整体感觉。当重色放在墙面时，能够产生下坠感而带来动感，当重色放在地面时，能够使人感觉更稳定。

高重心配色	低重心配色
 要点：具有上重下轻的效果，利用重色下坠的感觉使空间产生动感	 要点：重色可以是地面，也可以是家具，呈现上轻下重的效果，使人感觉稳定、平和
把一个房间中所有色彩中的重色放在顶面或墙面，就是高重心配色	把一个房间中所有色彩中的重色放在地面，就是低重心配色

不使用多色也能具有动感的配色方式

在色彩数量较少的情况下，可以充分利用色彩的重量感来制造动感。如墙面采用深色就能给空间增加动感，这里所谓的深色是相对而言的，只要是此空间里相对的重色即可，若居室面积不大或是想要突出墙面的主次，可以选择主要面墙使用重色。

重色在中间位置，无论面积多大，都能给人以动感

重色位于上方时，动感更强烈

重色位于下方时，底部最重，使人感觉安定

重色在空间中的运用对比

深色地面

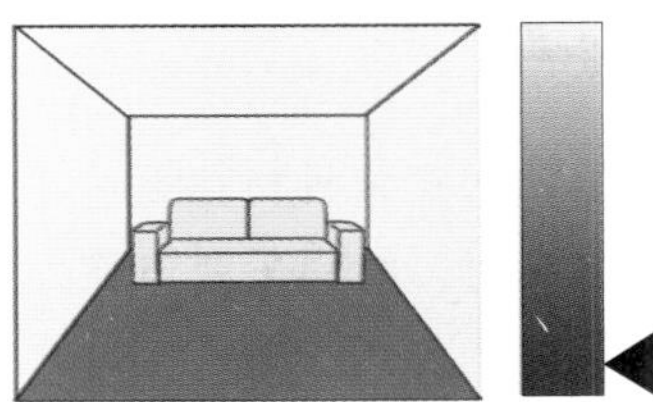

空间中的色彩从高到低依次加深，重心居下，空间具有稳定感

深色顶面

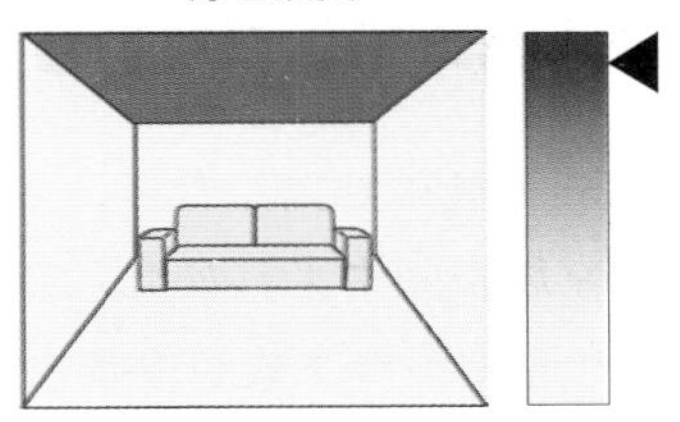

空间中的色彩从高到低依次减弱，重心在上，层高降低，空间具有动感

深色家具

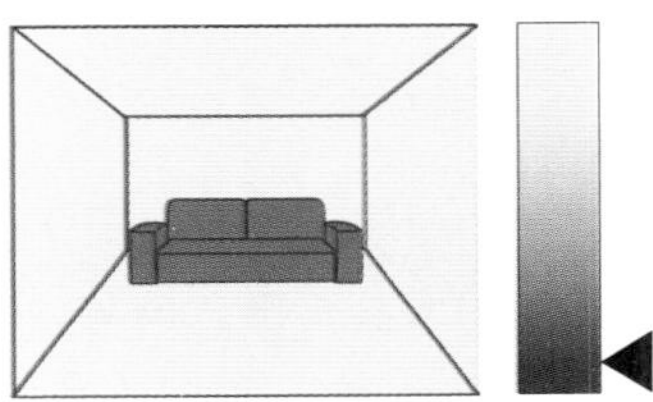

虽然空间中的背景色为白色，由于重色在家具，依然为低重心配色，整体感觉十分稳定

深色墙面

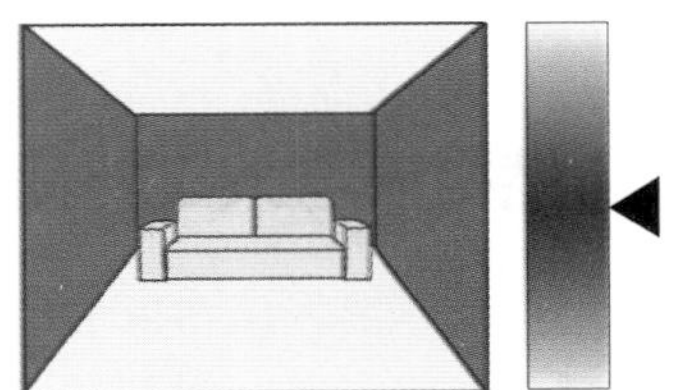

墙面为深色，重心在上，具有向下的力量，空间具有动感

链接

重心高低带来的空间色彩印象的差异

具有女性特质的空间，采用高重心配色，极具活泼感与艺术性

同样为女性空间，深色分布在沙发上，重心居下，配色显得柔和而自在

空间配色
依附家居材质而存在

色彩不能单独凭空存在，而是需要依附在某种材料上，才能够被人们看到，在家居空间中尤其如此。在装饰空间时，材料千变万化，丰富的材质世界，对色彩也会产生或明或暗的影响。

1 自然材质与人工材质

自然材质：非人工合成的材质，例如，木头、藤、麻等，此类材质的色彩较细腻、丰富，单一材料就有较丰富的层次感，多为朴素、淡雅的色彩，缺乏艳丽的色彩。

人工材质：由人工合成的瓷砖、玻璃、金属等，此类材料对比自然材质，色彩更鲜艳，但层次感单薄。优点是无论何种色彩都可以得到满足。

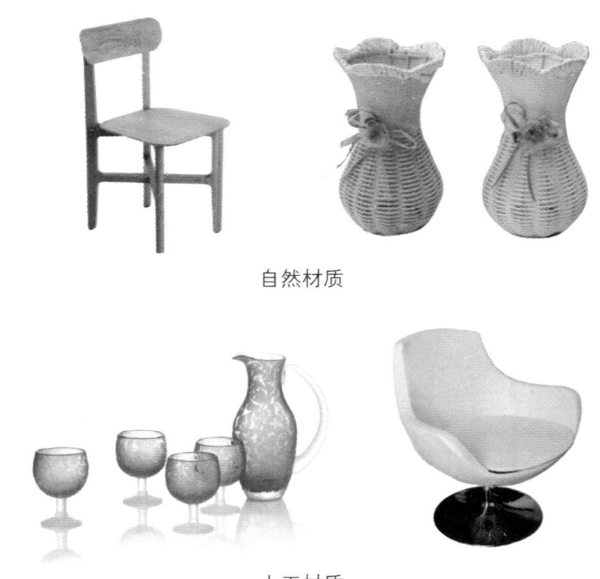

自然材质

人工材质

一般在家居中，自然材质和人工材质两者大多结合使用，以达到丰富配色的目的。

CMYK	CMYK	CMYK
44 58 90 0	25 23 28 0	23 12 9 0
38 97 100 4	87 70 57 21	21 25 85 0

▲顶面的木梁、墙面的文化石均为自然材质，墙面上的乳胶漆、水银镜，以及布艺沙发为人工材质，两者结合兼具了两类材质的优点

2 暖材料、冷材料和中性材料

暖材料：织物、皮毛材料具有保温的效果，比起玻璃、金属等材料，使人感觉温暖，为暖材料。即使是冷色，当以暖材质呈现出来时，清凉的感觉也会有所降低。

织物

皮毛

冷材料：玻璃、金属等给人冰冷的感觉，为冷材料。即使是暖色相附着在冷材料上时，也会让人觉得有些冷感，例如，同为红色的玻璃和陶瓷，前者就会比后者感觉冷硬一些。

玻璃

金属

中性材料：木质材料、藤等材料冷暖特征不明显，给人的感觉比较中性，为中性材料。采用这类材料时，即使是采用冷色相，也不会让人有丝毫寒冷的感觉。

木

藤

▲同样的洋红色，冷质的玻璃看上去要比柔软的暖质布艺冷硬

链接

材质表面光滑度的差异

除了材质的来源以及冷暖，表面光滑度的差异也会给色彩带来变化。例如，同样颜色的瓷砖，经过抛光处理的表面更光滑，反射度更高，看起来明度更高，表面粗糙一些的则明度较低。

同种颜色的同一种材质，选择表面光滑与粗糙的进行组合，就能够形成不同的明度，能够在小范围内制造出层次感。

▲地面、茶几和椅子的色相非常靠近，而材料之间不同的光滑程度构成了丰富的层次感，并不显得单调

▲墙面、家具、地面及床品采用了同相型的配色方式，而丰富的质感变化使层次多样、细腻

不同色温
表达不同的配色效果

家居空间内的人工照明主要依靠 LED 灯和荧光灯两种光源。这两种光源对室内的配色会产生不同的影响，LED 灯节能环保，光色纯正，使用寿命较长；荧光灯的色温较高，偏冷，具有清新、爽快的感觉。

什么是色温?

色温是照明光学中用于定义光源颜色的一个物理量，其单位为 K（开尔文）。即把某个绝对黑体加热到某个温度，使其发射的光的颜色与某个光源所发射的光的颜色相同，这时绝对黑体所加热的温度称之为该光源的颜色温度，简称色温。

越是偏暖色的光线，色温就越低，能够营造柔和、温馨的氛围；越是偏冷的光线，色温就越高，给人清爽、明亮的感觉。

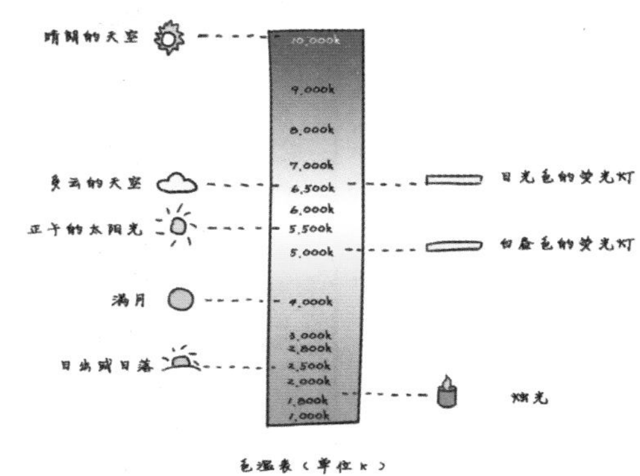

色温表（单位 K）

高色温	低色温

色温超过 6000K 为高色温，高色温的光色偏蓝，给人清冷的感觉，当采用高色温光源照明时，物体有冷的感觉	色温在 2500K 以下为低色温，低色温的红光成分较多，多给人温暖、健康、舒适的感觉，当采用低色温光源照明时，物体有暖的感觉

色温在居室中的运用方法

色温与色调融合

暖色调为主的空间中，采用低色温的光源，可使空间内的温暖基调加强；冷色调为主的空间内，主光源可使用高色温光源，局部搭配低色温的射灯、壁灯来增加一些朦胧的氛围。

高色温适合工作区域

在实际运用中，可利用色温对居室配色和氛围的影响，在不同的功能空间采用不同色温的照明。高色温清新、爽快，适合用在工作区域，例如，书房、厨房、卫生间等区域做主光源。

低色温能够烘托氛围

低色温给人温暖、舒适的感觉，很适合用在需要烘托氛围类的空间做主光源，例如，客厅、餐厅。而在需要放松的卧室中，也可以采用低色温的灯光，低色温能促进褪黑素的分泌，具有促进睡眠的作用。

家庭常用灯具色温表			
LED 灯	暖白（2200K~3500K）	荧光灯	冷色（4500K）
	正白（4000K~6000K）		
	冷白（6500K 以上）		暖色（3500K）

第二章 从色彩印象展开空间配色

第一节

内敛型配色印象

不同色彩组合，带给人的色彩印象也不尽相同，大致可以分为内敛型配色和开放型配色两大类。其中，内敛型配色带给人的感觉比较沉稳、冷静、清爽。多采用冷色调、无彩色、浊色系进行大面积配色。

与配色印象一致就是成功的配色 / 058

冷静、干练的都市型配色 / 064

彰显时间积淀的厚重型配色 / 068

体现生机盎然的自然型配色 / 072

以冷色为主的清新型配色 / 076

与配色印象一致 **就是成功的配色**

配色印象就是想要塑造出的氛围，活泼的、清新的、沉稳的还是复古的，无论怎么好看的配色，如果与想要塑造的色彩印象不符，不能够传达出正确的意义，都是不成功的，人们看到配色效果所感受到的意义，与设计者想要传达的思想产生共鸣才是成功的配色。

决定空间配色的 4 大要素

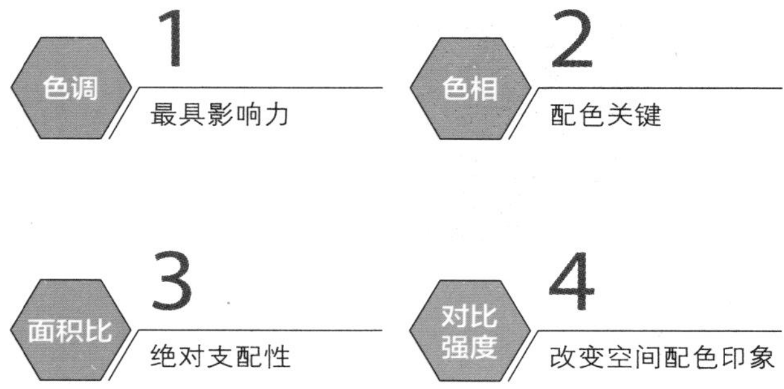

1 色调对配色印象最具影响力

色调是对配色印象影响最大的属性，即使是相同的色相，采用不同的色调，配色印象也会发生改变。

MAIN POINTS

在进行家居配色时，可以根据想要表达的情感意义来选择主色调。

明浊色调塑造出温暖、明媚的氛围

色相相同，将色调变为暗浊色调，空间氛围即刻变得沉稳、厚重

Designer 设计师微课堂

王五平
深圳太合南方建筑室内设计事务所总设计师

可以根据理想的空间氛围确定色调

很多居住者对于色调这一概念并不了解，但往往会表述出喜爱的空间氛围，如想让家里显得清爽一些，或者希望家居空间呈现出华丽感。这时就可以利用色调来构建空间配色印象，如追求宁静的居室可以选择明浊色调，追求清新的居室选择明色调，而追求豪华感的居室则可以用暗色调来增加空间的底蕴。

2 色相与配色印象关系密切

每一种色相都有其独特的色彩意义，当看到红色、紫色时，第一感觉就会联想到女性，看到棕色、绿色的组合，就会使人想到大自然，根据需要选择恰当的色相，是塑造配色印象的关键。

MAIN POINTS

除了主色之外，空间中还会存在配角色和点缀色，它们之间色相差的大小，同样对色彩印象的形成有着非常重要的影响。

色相选择的顺序

先从 6 个基本色（3 原色 +3 间色）中大致定位，然后再细致选择合适的配色。

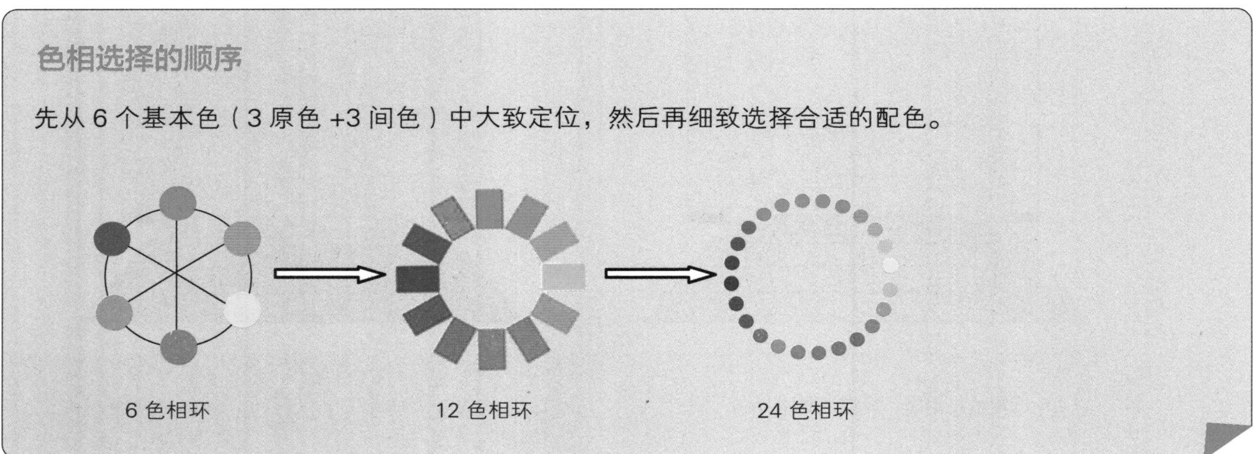

大面积的色相具有对空间的支配性

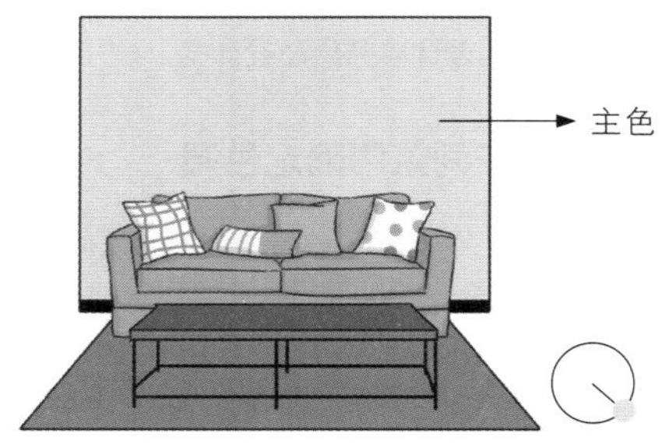

空间的主色为黄色色相，对塑造温馨的空间印象起着决定作用

将沙发的色相调整为偏离主色相的红色色相，由于主色相具有面积优势，仍对空间印象起着支配作用

3 调整配色对比强度改变空间配色印象

对比强度包括了色相对比、色调对比、明度对比和纯度对比，调整配色之间的对比强度，就能够对整体配色进行调整，加大对比增加活力感，减弱对比则产生高雅、含蓄的感觉。

对比强度与配色印象		
类型	强度大	强度小
色相对比		
色调对比		
明度对比		
纯度对比		

开放感与闭锁感来自色相对比的强度

沙发与墙面属于近似色，色相对比弱，显得稳重、内敛

沙发与墙面属于对比色，色相对比强，显得开放、个性

沙发与墙面同属淡色调，色调对比弱，显得柔和、宁静

墙面为淡色调，沙发为微浊色调，色调对比强，显得舒畅、干脆

墙面明度高，与沙发的明度对比小，显得高雅、低调

墙面的明度低，与沙发的明度对比大，显得有力度

墙面与沙发的色调淡雅，纯度对比小，显得浪漫、唯美

沙发的纯度较高，与墙面的纯度对比大，具有艺术感

4 面积优势与面积比

一个家居空间中，占据最大面积的是背景色，其中墙面有着绝对面积及地位的优势，而主角色位于视线的焦点，这两类色彩对空间整体配色的走向有着绝对支配性。

面积优势与配色印象

墙面和贵妃椅的蓝色是空间中面积最大的配色。由于冷调的蓝色占比重较大，空间给人清爽、惬意的印象

将沙发与墙面、贵妃椅的色彩互换，暖色占比变大，虽仍有冷色存在，但空间印象转变为自然、田园，清爽感消失

面积比的差异

面积差小，空间配色印象成熟、稳重

面积差大，空间配色印象鲜明、锐利

冷静、干练的 **都市型配色**

都市中以人造建筑为主，会形成人工、刻板的印象。因此，无彩色系中的黑色、灰色、银色等色彩与低纯度的冷色搭配，最能够表现出带有都市色彩的家居配色。若在以上任意组合中添加茶色系，则能够增加厚重、时尚的感觉，可以塑造出高质量的生活氛围。

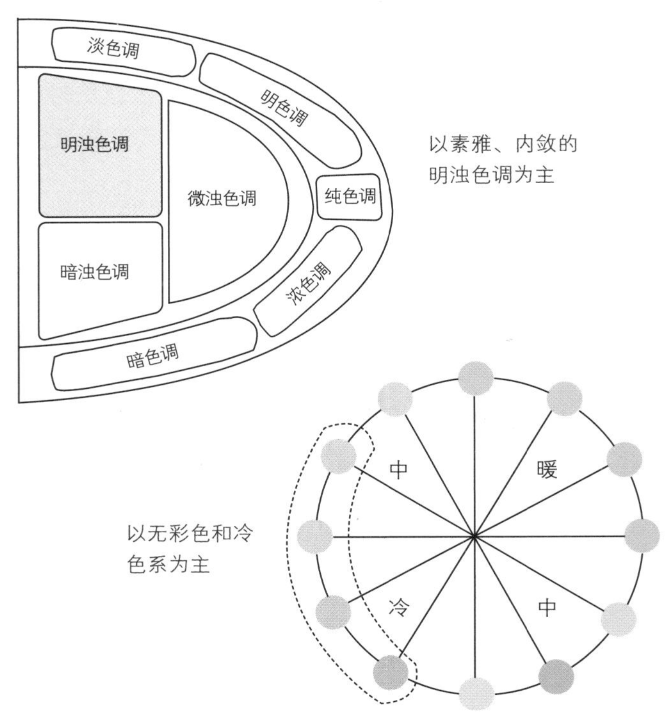

灵感来源

都市感的配色主要来源于钢筋水泥建造的大楼、柏油马路等，其材质体现出机械感、现代感，形成温度感较低的配色印象

都市型居室代表**配色速查**

无彩色系组合	灰蓝色
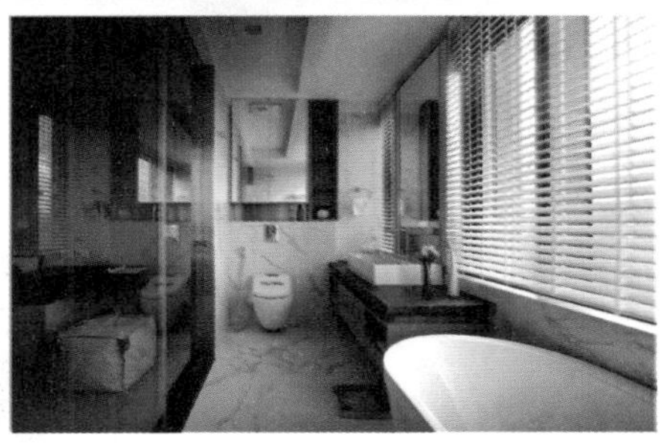	
无彩色系组合最能体现都市型家居冷静、理性的印象；若搭配金、银两色，则能令空间的时尚感更强	灰蓝色给人睿智、洒脱感觉的同时，也体现出都市生活高效、有序的氛围
红色系点缀	**茶色点缀**

红色系点缀可以打破冷清的都市型配色，活跃空间氛围，塑造具有时尚感的都市空间	无色系打造高档感，搭配具有一定温暖感的茶色，塑造高质量的都市氛围

配色禁忌

不适宜大面积使用高纯度色彩：都市气息家居环境的营造，常依赖无彩色系，如黑色、灰色、白色等，其中灰色可带有彩色倾向，例如，蓝灰、紫灰等。但是都市气息的居室不适宜用大面积的高纯度彩色系来进行装饰，那样会破坏空间的都市气息。

宜忌	色相对比	色调对比
√	灰色与蓝色远离自然感，都市气息浓郁	素雅的浊色调，可以体现出优雅的都市感
×	绿色与褐色组合，使得自然感觉浓郁	配色接近纯色，形成休闲、运动的印象

色彩搭配秘笈

color collocational tips

CMYK 43 34 12 0

CMYK 82 78 77 59

CMYK 0 0 0 0

CMYK 48 62 100 5

灰色给人绅士、睿智、高档的感觉，用作客厅的背景色，充分彰显都市气息。

黑色是明度最低的色彩，具有绝对的重量感，将其与灰色搭配，避免了大面积灰色造成的轻飘感。

白色是明度最高的色彩，用其做点缀，可以扩大配色的张力。

黄棕色的装饰柜柔和、舒适，可以柔化灰色给人的冷峻感。

CMYK 53 33 28 0

CMYK 62 70 93 33

CMYK 24 37 62 0

CMYK 35 61 81 0

不同明度的黄色作为空间中的点缀色，令空间配色更显活跃。

灰蓝色作为背景色，表达出冷静而有序的都市特征。沙发旁坐凳的色彩为空间中的配角色，与背景色同属蓝色系，但不同的明度对比，使空间配色更具层次。

褐色系的沙发作为空间中的主角色，与地毯和电视背景墙的色彩形成呼应，使居室的都市感更加浓郁。

注：本书色彩解读仅针对案例中的重点配色

CMYK
41 93 100 6

CMYK
0 0 0 10

CMYK
42 86 100 7

CMYK
17 50 83 0

背景色为橘红色，彰显了空间时尚而靓丽的气质。

灰白色系的沙发作为主角色，与橘红色的背景色形成深浅对比，配色更具层次感。

配角色与背景色为同一色系，具有协调统一的效果。

金属色作为空间中最多的点缀色，使空间显得极具质感与品位。

CMYK
47 56 88 3

CMYK
38 38 51 0

CMYK
60 73 89 38

CMYK
69 42 15 0

CMYK
93 100 62 29

茶镜作为空间中的背景色，无论是色彩，还是材质，均十分吻合都市型家居氛围。

主角色为灰白色系（沙发），是都市型家居中最常见的配色。

深褐色的单人沙发为配角色，与茶镜形成色彩上的明度渐变，丰富空间配色层次。

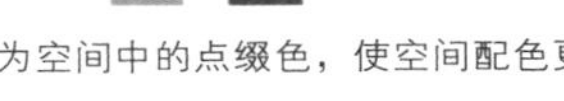

蓝色与紫色作为空间中的点缀色，使空间配色更加跳跃。

彰显时间积淀的 **厚重型配色**

厚重的配色印象主要依靠暗色调、暗浊色调的暖色及黑色来体现，配色采用近似色调，用明浊色调的色彩做背景色，可以调节效果，避免空间过于沉闷。另外，如果将暗暖色如巧克力色、咖啡色、绛红色等与黑色同时使用，则可以融合厚重感和坚实感。

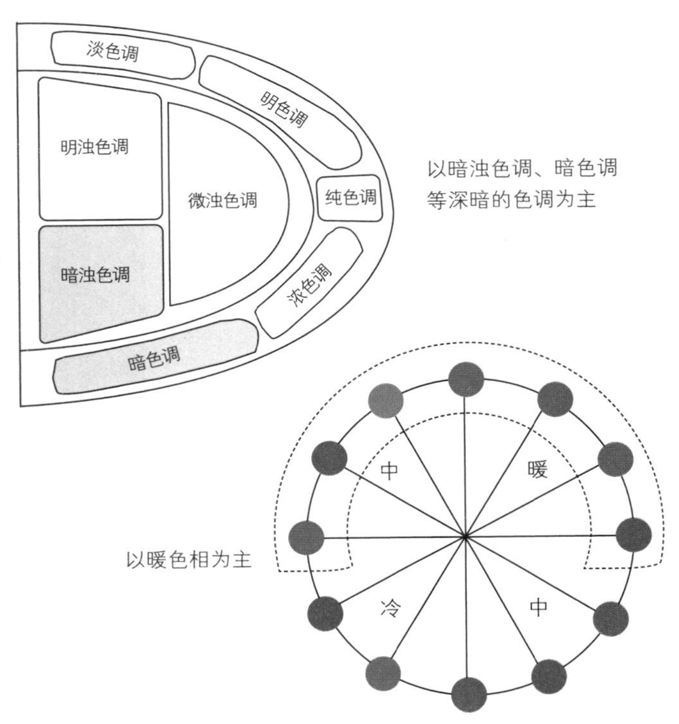

灵感来源

厚重感的家居配色最重要的是体现出时间的积淀，老木、深秋的落叶，以及带有历史感的建筑，都能很好地体现出这一特征。材质上多用木材，可以打造出带有温暖感的厚重型家居

厚重型居室代表**配色速查**

暗暖色	黑色系

以暗浊色调如暗色调的咖啡色、巧克力色、暗橙色、绛红色等为主色，打造兼具传统韵味的厚重型家居	黑色与无彩色系组合，占据大面积就能使空间具有厚重感
暗暖色 + 暗冷色	**中性色点缀**

暗暖色为主色，加入暗冷色形成对比配色，在厚重、怀旧的基础氛围中，还能增添可靠的感觉	以暗色调或浊色调暖色系为配色中心，加入暗紫色、深绿色等与主色为近似色调的中性色，塑造出具有格调感的厚重色彩印象

配色禁忌

尽量避免使用高浓度暖色：暗浊色调的暖色具有厚重感，可以少量地使用高纯度暖色做点缀，但数量不宜过多。尽量不要选择高浓度暖色作为主角色或配角色，如红色、紫红色、金黄色等，此类色调具有华丽感，很容易改变厚重的印象。

宜忌	色相对比	色调对比
√	暖色相为主色， 形成古朴、厚重的印象	深暗暖色表达厚重感、 传统感十分到位
×	冷色系为主色， 过于果敢，缺乏厚重感	暖色相的明浊色带有 安宁感，但缺乏厚重感

色彩**搭配秘笈**

color collocational tips

CMYK 0 0 0 0

CMYK 15 11 16 0

CMYK 64 50 87 6

CMYK 65 78 81 46

CMYK 61 68 85 27

CMYK 36 40 67 0

白色与浅灰色具有很强的融合力，能够使重点配色更为突出。

加入了黄灰色的绿色更加稳定，与红棕色窗搭配具有古代典型大红大绿搭配的韵味。

棕红色的木质沙发及茶几搭配黄灰色、浅驼色的软装，古典气质油然而生。

CMYK 82 79 87 68

CMYK 42 96 100 8

CMYK 0 0 0 0

CMYK 56 28 89 0

大面积黑色系的运用，使餐厅空间显得理性而沉稳。

为了避免过多黑色带来的压抑感，分别在顶面、墙面和地面采用了白色系来作为调剂。

运用带有对比感的红色与绿色作为空间中的点缀色，活跃了暗色系空间的配色层次。

CMYK 53 76 96 24

CMYK 74 77 90 60

CMYK 29 68 73 0

CMYK 22 20 33 0

CMYK 42 64 84 3

茶色的卧室背景墙作为背景色，奠定了空间沉稳的色彩基调。

深褐色窗帘及家具作为空间中最重的色彩，与空间厚重的配色印象相吻合。

米灰色的大量使用中和了暗浊色系带来的沉闷感，使空间配色沉稳中不失轻快感。

土黄色与橘粉色的床品作为空间中的点缀色，暗暖的色调增添了空间的温暖基调。

CMYK 78 100 32 17

CMYK 25 36 52 0

CMYK 15 22 30 0

CMYK 85 83 87 74

CMYK 61 68 85 27

CMYK 16 55 84 0

床单与睡床的配色为同一色系，形成了统一、和谐的配色效果。

暗沉色调的紫色作为空间的背景色，为厚重型的居室带来了时尚感的配色印象。

米灰色作为墙面配色，与紫色的背景墙形成色彩上的对比，视觉变化性极强。

黑色、褐色和橙色作为空间中的点缀色，丰富了空间的配色层次。

体现生机盎然的 **自然型配色**

源于自然界的配色最具自然的配色印象，以绿色为最，其次为栗色、棕色、浅茶色等大地色系。其中浊色调的绿色无论是组合白色、粉色还是红色，都具有自然感，而自然韵味最浓郁的配色是用绿色组合大地色系。

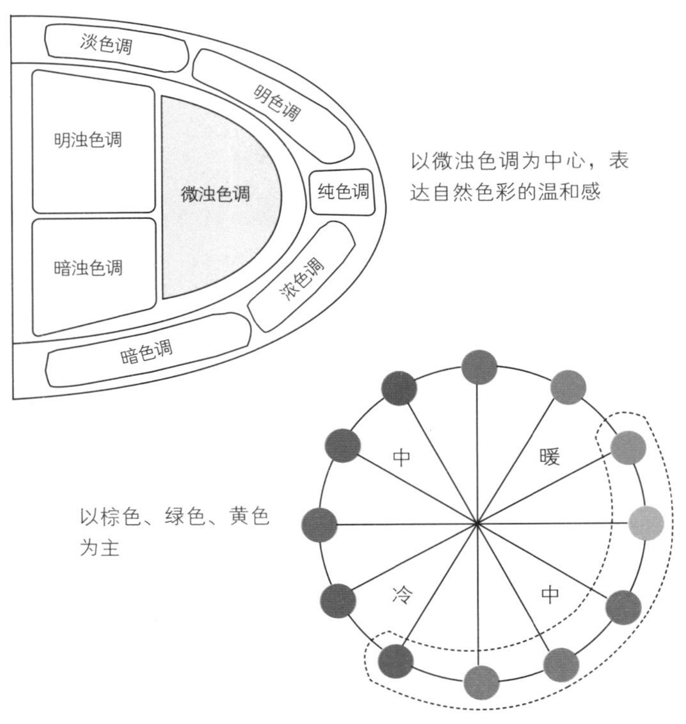

灵感来源

自然型家居取色于大自然中的泥土、绿植、花卉等，色彩丰富中不失沉稳。材质主要为木质、纯棉，可以给人带来温暖的感觉

自然型居室代表**配色速查**

绿色系	大地色系

最具代表性的自然色彩，塑造充满希望的、欣欣向荣的氛围；加入大地色调节，自然韵味更浓	通过大地色系内不同明度的变化形成层次感进行配色调节，令空间显得质朴，却不厚重
绿色系＋黄色系	**绿色系＋红色、粉色点缀**

以绿色为主色，氛围更清新，以黄色为主色，更显居室的温馨氛围	明浊或微调绿色做主色，搭配红色或粉色做配角色或点缀色，这种源于自然的配色非常舒适

配色禁忌

不适合大量运用冷色系及艳丽的暖色系：例如，绿色墙面搭配高纯度的红色或橙色家具，会令家居环境完全失去自然韵味。但是这些亮色可以小范围地运用在饰品上，并不会影响整体家居的氛围。

宜忌	色相对比	色调对比
√	绿色和褐色组合， 自然韵味十足	含有灰色的浊色， 显得雅致、自然
×	没有褐色与绿色， 联想不到自然气息	明亮的淡色调， 唯美，但缺乏自然感

色彩**搭配秘笈**

color collocational tips

CMYK 65 44 85 4

CMYK 0 0 0 10

CMYK 39 79 93 4

CMYK 21 100 100 0

灰白色系与绿色系同属背景色，两色搭配使空间配色显得干净而清新。

红色抱枕作为点缀色，提亮了空间配色，形成视觉跳跃点。

空间中的背景色和主角色均为绿色系，令空间的自然感十足。

大量的木色作为配角色出现，使空间的自然气息更加浓郁。

CMYK 44 56 66 2

CMYK 77 89 45 9

CMYK 9 8 7 0

CMYK 47 38 36 4

CMYK 85 63 5 0

大地色系作为空间中的背景色，不同明度的变化形成层次感进行调节，质朴而不厚重。

灰色的抱枕作为点缀色，与主角色的沙发形成色彩上的明度渐变。

灰白色系既是主角色，又是配角色，使空间看起来更具格调。

蓝色与紫色作为点缀色，使空间弥漫了法式田园的浪漫氛围。

CMYK
33 8 50 0

CMYK
8 12 58 0

CMYK
18 30 42 0

CMYK
9 45 20 0

CMYK
13 61 88 0

CMYK
54 21 42 0

绿色中调入了黄色，与黄色融合得更为自然，降低了对比感，更适合表现自然感。

米灰色的地面比明亮的墙面及家具更具重量感，拉开了空间的配色层次。

粉色的使用，活跃了空间的配色层次。

橙色增添了活力，淡蓝色的加入使自然感中多了纯真的韵味。

CMYK
32 14 26 0

CMYK
78 68 75 40

CMYK
33 41 47 0

CMYK
31 89 85 29

墨绿色的绿植作为点缀色，与浅绿色的背景色形成纯度渐变，使空间配色具有了层次感。

浅淡的绿色清新感十足，作为背景色，奠定了自然型空间的基调。

大地色系的地面使空间的配色更显沉稳。

红色系的花朵图案，丰富了空间的配色层次，也加强了空间的自然气息。

以冷色为主的
清新型配色

打造具有清新感的居室，宜采用淡蓝色或淡绿色为配色主体。低对比度融合性配色，是清新型配色最显著的特点。另外，无论是蓝色，还是绿色，单独使用时，都建议与白色组合，白色可做背景色，也可做主角色，能够使清新感更强烈。

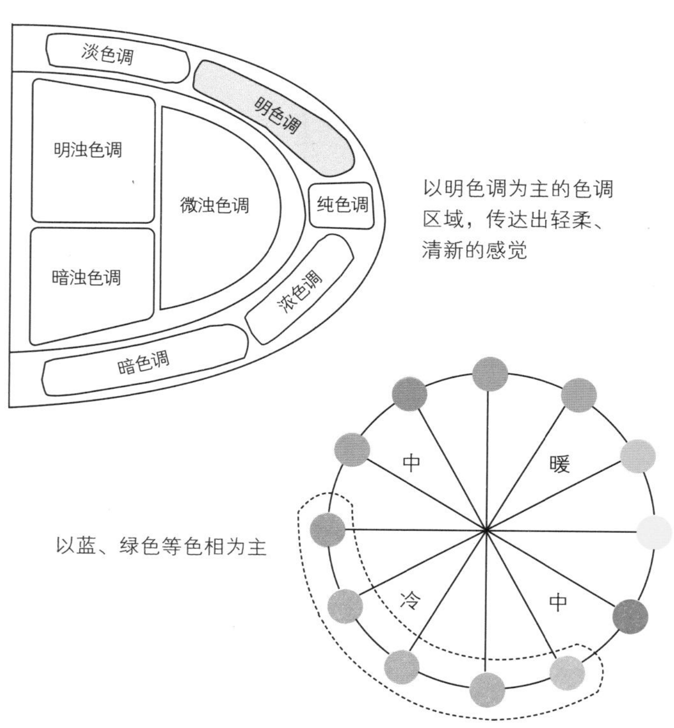

灵感来源

清新型的配色主要来源于大海和天空，冷色调的蓝色带有天然的清凉感；另外，自然界中的绿色也带有一定的清凉感。在材质上，轻薄的纱帘十分适合清新型家居

清新型居室代表**配色速查**

高明度蓝色	绿色系

明度接近白色的淡色调蓝色，最能体现清凉与爽快的清新感，非常适合小户型	中性色的淡绿色或淡浊绿色，清新中带有自然感，令家居环境显得更加惬意
蓝色＋绿色	**浅灰色系**

选择一种色彩为高明度的淡色调，另一种纯度稍微高些，此配色比同时使用淡色调或明浊色调的搭配方式，更显层次丰富	浅银灰、蓝灰、茶灰及灰蓝色，不仅具有清新感，还多了温顺、细腻的感觉，更加倾向于舒适的清爽型

配色禁忌

避免暖色调用作背景色和主角色：尽量避免将暖色调作为背景色和主角色使用，如果暖色占据主要位置，则会失去清爽感。暖色调可以作为点缀色使用，如以花卉的形式表现，弱化冷色调空间的冷硬感。

宜忌	色相对比	色调对比
√	冷色系为主色，营造清凉感觉	明快的淡色调冷色系，可以凸显清新氛围
×	暖色系为主色，活力感强，毫无清爽感	过于晦暗的冷色，缺少清爽的感觉

色彩搭配秘笈

color collocational tips

CMYK
0 0 0 0

CMYK
86 78 68 46

CMYK
35 47 73 0

CMYK
77 61 16 0

加入大量黑色的蓝色更显冷峻感。

白色是塑造给人清爽印象的客厅必不可少的一种色彩。

含有灰色的米黄色地面增添了柔和感。

偏紫色的蓝色比加入黑色的蓝色更为温暖一些，在同一色相上形成了冷暖的层次感。

CMYK
0 0 0 0

CMYK
62 69 71 21

CMYK
68 58 68 12

大面积的白色系奠定了空间清爽、干净的基调。

空间中使用了不同明度的绿色系，色彩的变化使空间呈现清新之感外，又不乏层次感。

小面积棕褐色家具的搭配，稳定了空间的配色。

CMYK
82 36 47 0

CMYK
0 0 0 0

CMYK
85 87 82 71

CMYK
83 47 98 9

调入了绿色的蓝绿色为背景色，散发出浓郁的清爽感。

用白色作为主角色，搭配蓝绿的背景色，给人爽快的感觉。

绿色与蓝绿色属于类似型配色，增添稳定感。黑色的点缀避免了空间过于冷清。

淡雅的灰色调令空间给人舒适、柔和的清新感觉。

黑色的地面与灰色墙面形成色彩渐变，增强了配色的稳定性。

灰蓝色系的沙发作为主角色，与背景墙面的色彩统一中又富有变化，极具趣味。

利用绿植和花盆作为空间中的点缀色，为清新的空间中注入了生机。

CMYK
40 31 29 0

CMYK
67 54 46 0

CMYK
65 77 95 49

CMYK
91 86 86 77

CMYK
59 41 71 0

第二节

开放型配色印象

相对于内敛型配色，开放型配色带给人的感觉较为自由、奔放，配色效果鲜艳、明亮。往往会用纯色调、明色调等饱和度较高的色彩来形成色彩的视觉焦点，也会用撞色、多彩色组合的配色手法来增加居室的视觉冲击力。

鲜艳、有朝气的活力型配色 / 082

光鲜、豪华感的华丽型配色 / 086

温柔、甜美的浪漫型配色 / 090

以明亮暖色为主的温馨型配色 / 094

鲜艳、有朝气的 **活力型配色**

具有活力感的配色印象，主要依靠高纯度的暖色作为主色来塑造，搭配白色、冷色或中性色，能够使活泼的感觉更强烈。另外，暖色的色调很关键，即使是同一组色相组合，改变色调也会改变氛围，活泼感的塑造需要高纯度的色调，若有冷色组合，冷色的色调越纯，效果越强烈。

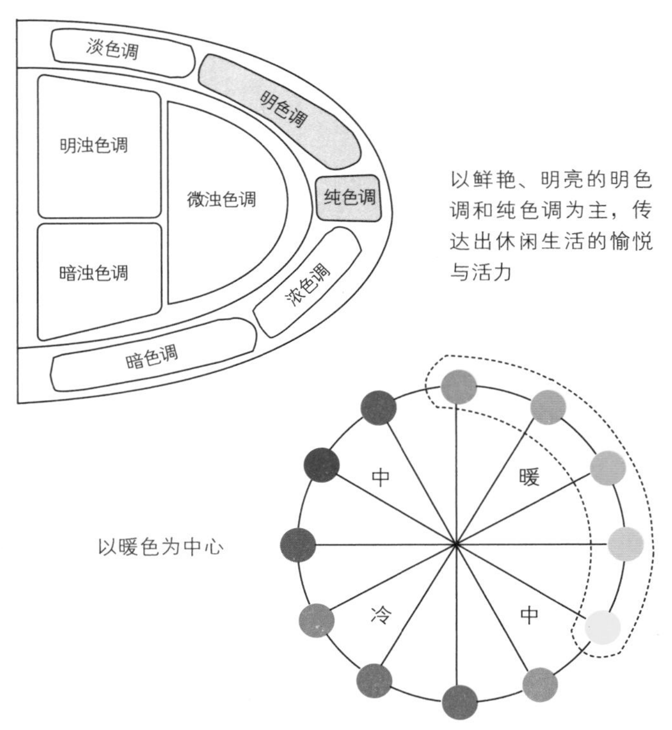

以鲜艳、明亮的明色调和纯色调为主，传达出休闲生活的愉悦与活力

以暖色为中心

灵感来源

活泼型的家居配色主要来源于生活中多样的配色，通常以暖色为主，如彩色的房子、彩色玫瑰等；另外时装周中富有创意的配色，也是借鉴的重点

活力型居室代表**配色速查**

对比配色	全相型配色

以高纯度的暖色为主角色，搭配对比色或互补色，例如，红与绿、红与蓝、黄与蓝等	全相型没有明显的冷暖偏向，若塑造活力氛围，配色中至少有三种明度和纯度较高的色彩
暖色系	**单暖色 + 白色**

用高纯度暖色系中的两种或三种色彩做组合，能够塑造出最具活力感的配色印象	白色明度最高，用其搭配任意一种高纯度暖色，都能通过明快的对比，强化暖色的活泼感

配色禁忌

避免冷色系或暗沉的暖色系为主色：活力氛围主要依靠明亮的暖色相为主色来营造，冷色系加入做调节可以提升配色的张力。若以冷色系或者暗沉的暖色系为主色，则会失去活力的氛围。

宜忌	色相对比	色调对比
√	暖色相为主，体现出鲜明的活力	鲜艳的色调充满活力感
×	冷色相为主，体现清爽感，缺乏活力	色调淡雅，过于平和、内敛，缺乏活力

色彩**搭配秘笈**

color collocational tips

CMYK 0 0 0 0

CMYK 88 64 36 0

CMYK 85 49 56 0

CMYK 18 31 89 0

CMYK 21 86 87 0

CMYK 47 98 60 4

以白色为主色，可以加强与有色色相之间的明度差，使活力更为显著。

黄色、橙色是活跃氛围的主体，虽然是点缀色，面积不大，但色相之间的对比强调了开放感。

墨蓝色和孔雀蓝的运用加强了空间的色彩层次。

插花的玫红色虽然占据面积最小，却是不可缺少的点睛之笔。

CMYK 14 14 85 0

CMYK 51 13 3 0

CMYK 47 81 100 15

纯度较高的蓝色成为空间中的焦点配色，极其吸引人的注意力。

红褐色的地面中和了黄色调给人的刺激感，使空间配色形成了稳定感。

亮黄色的运用提亮了空间的配色，给人热烈与活力兼具的视觉冲击力。

CMYK 57 26 28 0
CMYK 40 60 71 0
CMYK 0 0 0 0
CMYK 13 60 35 0
CMYK 57 64 67 9

以白色和浅褐色作为大面积的背景色，能够更好地衬托出色彩主体部分的冲击力。

淡雅的蓝绿色结合了蓝色和绿色的优点，既有清新感，又让人觉得充满希望。

橘粉色为主色，与蓝绿色使空间配色具有活跃感，为了避免过于刺激，用灰褐色稍作压制。

CMYK 0 0 0 0
CMYK 2 27 13 0
CMYK 0 80 87 0
CMYK 17 96 27 0
CMYK 82 78 77 59
CMYK 36 40 88 0
CMYK 92 65 40 0

白色具有干净、宽敞的视觉效果，起到了扩大客厅空间的作用。

橙色搭配上玫红色比单一的橙色更显热情，且带有一点妩媚感。

浅粉色增添了一点浪漫和温柔感。

黑色的加入使整体的明度对比更加明显。与主调呈现准对决型配色方式的蓝色、绿色做点缀，强化了活跃感。

光鲜、豪华感的
华丽型配色

华丽的配色效果应以暖色系的色彩为中心，如金色、红色、橙色、紫色、紫红，这些色相的浓、暗色调具有豪华、奢靡的视觉感受。需要注意的是，华丽型配色需和厚重型和活力型配色区分，即厚重型配色运用明显浊化了的暖色，活力型配色运用纯色调的暖色。

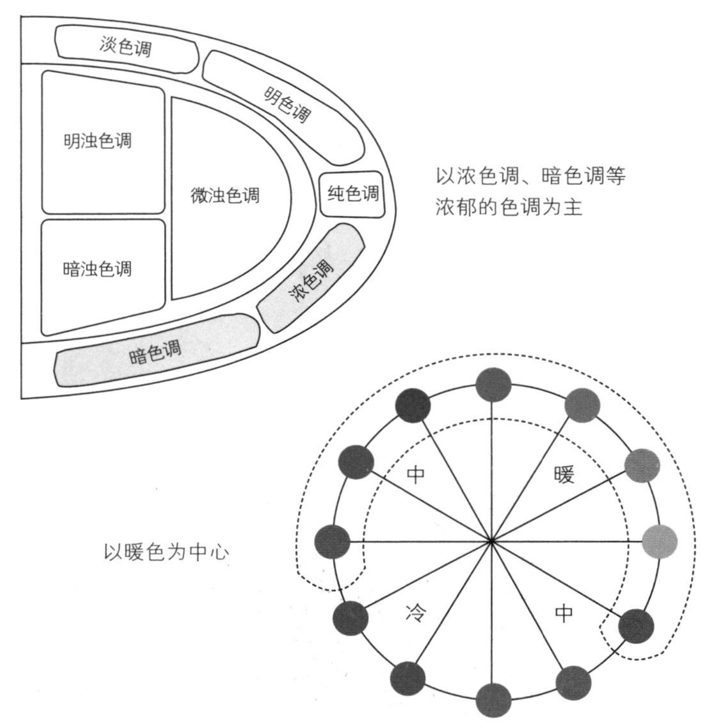

灵感来源

华丽感的家居配色最佳灵感来源于女性的服饰，绚丽的色彩运用在家居环境中，可以带来宫殿般的视觉冲击。材质上可以选择金箔、银箔壁纸，以及琉璃工艺品来增加华丽的感觉

华丽型居室代表**配色速查**

红、橙色系	洋红色系

浓、暗色调的红、橙色系能够体现出浓郁感十足的华丽氛围	此色系既能体现华丽感，又具有时尚感，与其他暖色系搭配，十分耀眼
绛红色＋宝蓝色	**紫红色、紫色＋金色**

绛红色与宝蓝色的搭配能够使空间印象变得性感，具有诱惑力	华丽、娇媚的紫红色、紫色，搭配金色，体现出华美的感觉

配色禁忌

避免冷色调与暗浊调的暖色：华丽型配色给人热烈、奢华的感受，过于理性的冷色会破坏此种色彩的印象，要避免使用。另外，暗浊调的暖色其纯度较低，给人含蓄、内敛的色彩印象，因此也不适合华丽型家居配色。

宜忌	色相对比	色调对比
√	浓郁暖色搭配， 打造华丽的视觉效果	浓、暗色调的暖色， 体现浓郁的华丽氛围
×	浓色调冷色搭配， 打造冷峻，没有华丽感	暗沉浑浊的暖色， 厚重感强，缺少华丽感

色彩**搭配秘笈**

color collocational tips

CMYK 30 76 96 0

CMYK 0 0 0 0

CMYK 7 52 91 0

CMYK 27 100 100 0

CMYK 83 77 89 68

明度较高的橙色使空间看起来十分明亮，具有华贵感。

白色是百搭的空间配色，同样适于在华丽型家居中运用。

金色是非常适合华丽型家居的配色；而红色、黑色的点缀搭配，使空间配色看起来非常具有层次。

CMYK 68 86 38 0

CMYK 60 96 51 9

CMYK 50 56 83 4

CMYK 50 84 90 22

CMYK 62 78 97 47

紫色给人神秘感，大面积地使用能够表现出低调的华丽感。

加入红色的紫色比纯粹的紫色多了一些妩媚的感觉。

古铜金色的壁纸搭配金色的装饰镜，显得华美、奢侈，但不庸俗。

紫色和金色都属于浓郁的色调，这就需要用重色来进行一些压制，避免空间感失调。

CMYK 34 45 72 0
CMYK 0 0 0 0
CMYK 53 91 100 37
CMYK 79 64 50 7
CMYK 96 76 50 14
CMYK 31 44 78 0

米黄色与白色为主色调的电视背景墙雅致感十足。

红色系的罗马帘华丽感十足，且具有大气之感。

沙发为浅灰蓝色，与电视背景墙上的蓝色形成呼应。

宝蓝色的猫脚家具与高饱和度的黄色花瓶形成色彩上的对比，时尚而华丽。

CMYK 73 90 29 0
CMYK 15 84 29 0
CMYK 0 0 0 0
CMYK 2 75 0 0
CMYK 52 68 42 2
CMYK 84 84 78 69

以紫色作为主要配色，给人豪华且质地精良的感觉。

高纯度的紫红色兼具了华丽和浪漫，用在顶面和沙发的做法，增添了节奏感。

白色做点缀色，与紫色形成了具有明快感的明度上的对比。

将主要配色降低了一些纯度，作为点缀色使用，使小面积的客厅既有层次感又不失统一性。

温柔、甜美的 **浪漫型配色**

表现浪漫的配色印象，需要采用明亮的色调营造梦幻、甜美的感觉，例如，粉色、紫色、蓝色等。另外，如果用多种色彩组合表现浪漫感，最安全的做法是用白色做背景色，也可以根据喜好选择其中的一种做背景色，其他色彩有主次地分布。

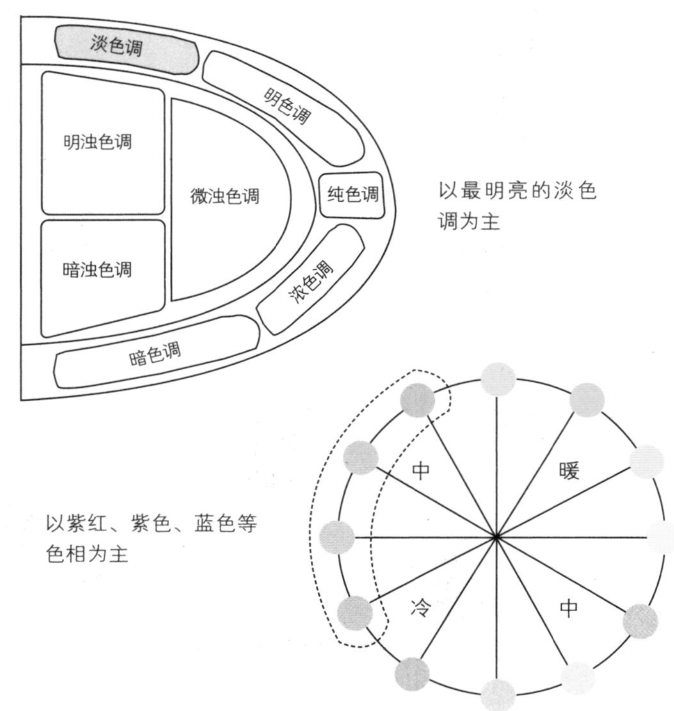

灵感来源

浪漫型的家居配色可以取自于婚纱、薰衣草等带有唯美气息的物件，其中体现女性特征的粉色、紫色、粉蓝色非常受欢迎。材质上可以选择丝绸质地，体现出带有高贵感的浪漫家居

浪漫型居室代表**配色速查**

粉色系	紫色系

或明亮、或柔和的粉色作为背景色使用，浪漫氛围最强烈；搭配黄色更甜美，搭配蓝色更纯真，搭配白色会显得很干净	淡雅的紫色既有浪漫感，又有高雅感；还可以在紫色系中加入粉色与蓝色，这样的色彩最能表达出浪漫的家居印象
蓝色系	**多彩色组合**

具有纯净感的明色调做背景色，组合类似色调的其他色彩，如明亮的黄色、紫色、粉色等	粉色必不可少，之后在粉紫、果绿、柠檬黄、水晶紫中随意选择两三种搭配，但主色调应保持在明色调上

配色禁忌

避免纯色调 + 暗色调、冷色调组合： 浪漫型的居室较适合明亮的色相，可以利用其中的 2~3 种搭配；但如果使用纯色调 + 暗色调、冷色调的色彩互相搭配，则不会产生浪漫的效果。

宜忌	色相对比	色调对比
√	粉色、粉紫色皆具有浪漫、唯美感	淡色调的紫红色具有纯净、浪漫感
×	茶色与绿色自然感十足，但缺乏浪漫感	暗色调的紫红色具有古典感，缺乏浪漫感

色彩搭配秘笈

color collocational tips

CMYK	CMYK
0 0 0 0	38 39 56 0
78 74 23 0	8 21 60 0
32 15 11 0	47 23 36 0

白色系的运用，令空间看起来素雅而干净。

紫色的沙发作为空间中的主角色，提升了空间的调性。

米色的花纹地毯丰富了空间的配色，同时衬托出紫色的沙发。

金黄、浅蓝、淡绿作为点缀色，丰富了空间的配色印象，其色彩属性又不会破坏空间浪漫的氛围。

CMYK	CMYK
19 20 27 0	45 20 25 0
11 6 10 0	11 60 68 0
78 25 20 0	0 0 0 0

深一些的蓝色与白色结合做点缀，带入了一点清新感。

轻柔的米色为客厅增添了舒适、放松的惬意基调。

明亮的蓝色为主色，传达出浪漫氛围所需要的梦幻感，跳跃的配色形式比大面积平面式配色更具有童话般的感觉。

用灰色和橙色搭配，降低了橙色给人的视觉冲击力，使其与蓝色和谐搭配。

CMYK
25 7 13 0

CMYK
58 20 79 0

CMYK
21 95 64 0

CMYK
23 70 25 0

CMYK
62 64 72 27

明亮淡雅的蓝色，具有透明的纯真感，与粉红色搭配使空间具有童话氛围。

粉红色作为主角色，能够表现出浪漫、梦幻的氛围，中调的色相比淡色调更显活泼一些。

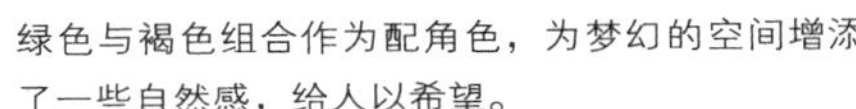

绿色与褐色组合作为配角色，为梦幻的空间增添了一些自然感，给人以希望。

地面采用紫红色，与主角色的粉红在统一的色相中塑造出明度递减的层次感。

CMYK
20 30 27 0

CMYK
47 65 78 5

CMYK
0 0 0 0

CMYK
12 0 0 0

CMYK
17 61 45 0

墙面利用不同明度的粉色进行搭配，淡雅、柔和的配色方式给人梦幻、浪漫的印象。

黄褐色的地面形成上轻下重的配色，是一种稳定性极强的配色方式。

白色系与粉色系的搭配，使空间呈现出干净的浪漫色彩。

淡蓝色与粉色作为点缀色，与背景色的融合度极高，又增添了视觉变化。

以明亮暖色为主的
温馨型配色

具有温馨感的配色印象，主要依靠明亮的暖色作为主色来塑造，常见的色彩有黄色系、橙色系，这类色彩最趋近于阳光的感觉，可以为居室营造出暖意洋洋的氛围。在色调上，纯色调、明色调、微浊色调的暖色系均适用。

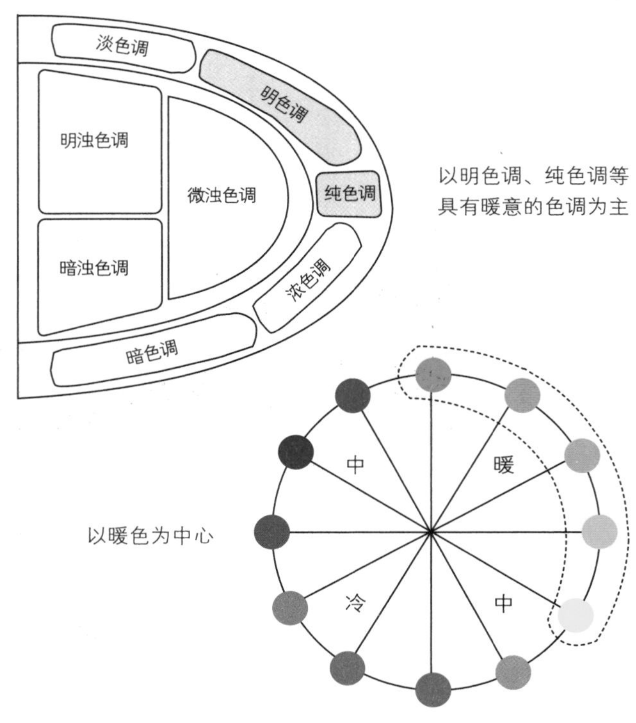

灵感来源

温馨型家居的配色来源主要为阳光、麦田等带有暖度的物品；另外，水果中的橙子、香蕉、柠檬等所具有的色彩，也是温馨型家居的配色来源。材质上可以选择棉、麻、木、藤来体现温暖感

温馨型居室代表**配色速查**

黄色系	橙色系

柠檬黄和香蕉黄是最经典的配色，若不喜欢过于明亮的黄色，可加入少量白色进行调剂	相较于黄色系，显得更有安全感；可作为空间中的背景色，奠定空间温馨的基调
木色系	米色、白色 + 黄色

浅木色的大量使用可以更好地体现温馨的空间印象；深木色可作为调剂，丰富空间层次	相对低调的温馨型配色，较为适合婴儿房及老人房

配色禁忌

避免冷色调占据过大面积： 暖色调使人感觉温暖，冷色系使人感觉冰冷，打造具有温暖气氛的居室，应以暖色调为背景色及主色，而避免冷色调占据过大面积，使空间失去温暖感。另外，无色系中的黑色、灰色、银色也应尽量减少使用。

宜忌	色相对比	色调对比
√	暖色调的黄橙色系，温暖感十足	纯、明、微浊色调的黄色可以体现温馨感
×	不论是淡色调，还是暗色调的冷色，都没有温暖感	暗浊色调及暗色调的黄色缺乏温馨感，显得较为沉重

色彩搭配秘笈

color collocational tips

CMYK 18 32 56 0

CMYK 13 22 64 0

CMYK 41 62 90 0

CMYK 43 92 84 8

CMYK 86 68 63 27

CMYK 86 52 67 10

浅米黄色作为主墙面色调给人温暖的印象。

暖棕色做地面色彩增添了轻松的氛围，同时与主墙面统一。

用浅褐色做副色塑造出了递进的层次感。

点缀色分别采用了红与绿的对决型配色以及蓝与绿的类似型配色方式，浓郁的配色增添了空间的重量感，避免了浅色给人的轻飘感。

CMYK 21 58 72 0

CMYK 55 80 100 32

CMYK 21 20 78 0

CMYK 0 0 0 0

CMYK 63 56 100 13

CMYK 33 81 29 0

橙色与白色作为空间中的背景色，奠定了餐厅的温暖基调。

木色的餐桌为空间中的主角色，具有稳定感。

用不同明度的绿色作为空间中的配角色，使空间的配色具有渐变感。

黄色与桃红色作为点缀色，大大提升了空间的温馨指数。

CMYK
23 18 27 0

CMYK
18 14 15 0

CMYK
79 70 60 23

CMYK
25 38 65 0

CMYK
44 100 100 11

CMYK
23 23 86 0

灰色的文化石背景墙极具天然质感，壁炉造型增添了居室的温暖感。

灰白色系的沙发构成空间中的主角色，与灰色墙面的配色相近，形成协调性配色。

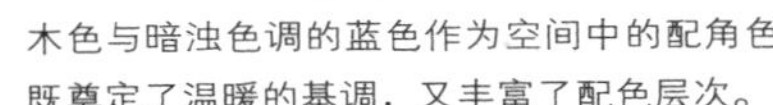

木色与暗浊色调的蓝色作为空间中的配角色既奠定了温暖的基调，又丰富了配色层次。

纯度较高的红色和黄色作为点缀色使用，在色调上既吻合温馨型家居的配色特征，又起到提亮空间配色的效果。

CMYK
0 0 0 0

CMYK
26 31 52 0

CMYK
60 61 63 7

CMYK
22 66 96 0

白色系的大量使用使空间显得整洁而明亮。

实木复合地板和纯棉床品均采用暖褐色，无论色彩还是材质均带有温暖感。

深灰色的窗帘起到丰富空间配色层次的作用。

橙色的点缀运用十分亮眼，虽然运用比例不大，但大大提升了空间的温馨气氛。

第三章
用色彩设计化解空间缺陷

第一节

不理想的空间造型

并非所有的家居空间都是令人满意的，面对不理想的空间造型，如过于狭小、狭长，或者是不规则的空间，除了对空间进行格局改造外，还可以通过色彩来减弱这些缺陷，在视觉效果上改变空间的高矮、长短等，使空间比例更为协调。

不理想空间色彩调整技巧 / 100

用高彩色、明亮色把窄小空间“变大” / 106

淡雅的后退色使狭长空间看起来更舒适 / 110

用强化或弱化配色改善不规则的空间 / 114

不理想空间**色彩调整技巧**

方法一：用配色调整空间

利用色彩调整缺陷户型是最简单、有效的方式，因为即便是同一房间，哪怕仅仅是改变装修材料或软装色彩，也可以在一定程度上使空间在视觉上看起来更宽敞、更明亮。而在色彩中，有看起来有膨胀感的色彩，也有看起来有收缩感的色彩；有显高的色彩，也有降低空间感的色彩。利用色彩的这些特点，可以从视觉上对空间大小、高矮进行调整。

◀同一空间，在家具款式基本不变的情况下，改变配色方案，会让空间看起来完全不同。从左起，配色方案越来越使空间显得紧凑

1 前进色与后退色

前进色：冷色和暖色对比可以发现，高纯度、低明度的暖色相有向前进的感觉。

要点 MAIN POINTS
前进色适合在让人感觉空旷的房间中用作背景色，能够避免寂寥感。

后退色：与前进色相对，低纯度、高明度的冷色相具有后退的感觉。

要点 MAIN POINTS
后退色能够让空间看起来更宽敞，适合在小面积空间或非常狭窄的空间用作背景色。

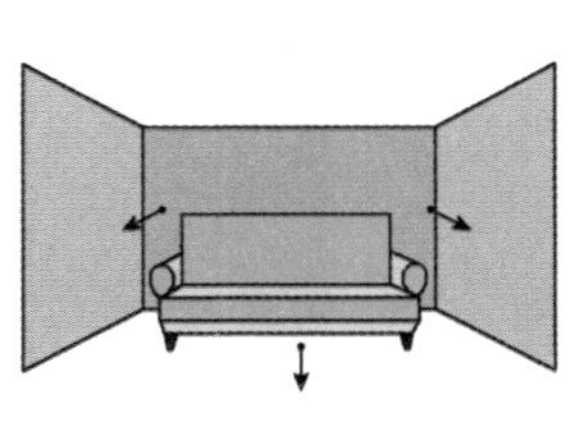

背景墙为低明度高的色彩，大大缩小了空间进深

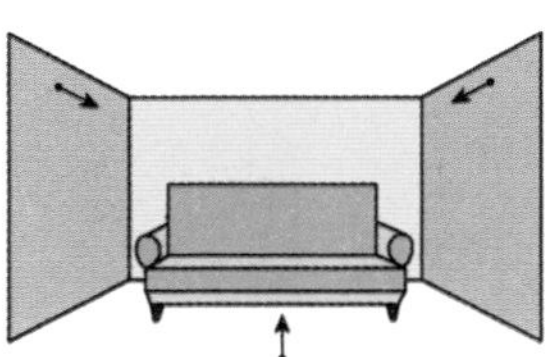

背景墙为高明度色彩，增加空间进深

2 膨胀色与收缩色

膨胀色：能够使物体的体积或面积看起来比本身要膨胀的色彩，高纯度、高明度的暖色相都属于膨胀色。

要点
MAIN POINTS
在略显空旷感的家居中，使用膨胀色家具，能够使空间看起来更充实。

收缩色：使物体体积或面积看起来比本身大小有收缩感的色彩，低纯度、低明度的冷色相属于此类色彩。

要点
MAIN POINTS
在窄小的家居空间中，使用此类色彩的家居，能让空间看起来更为宽敞。

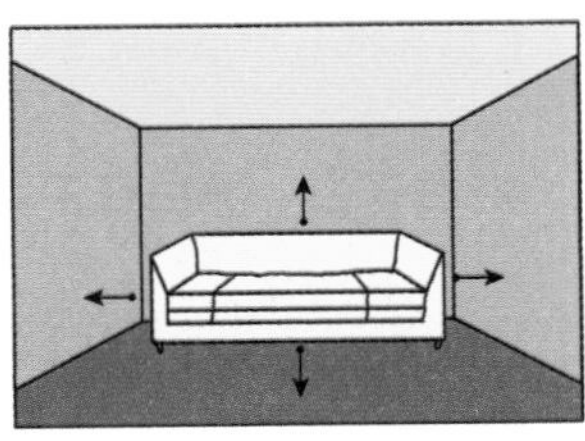

空间较宽敞，沙发采用明度高的膨胀色，空间具有充实感

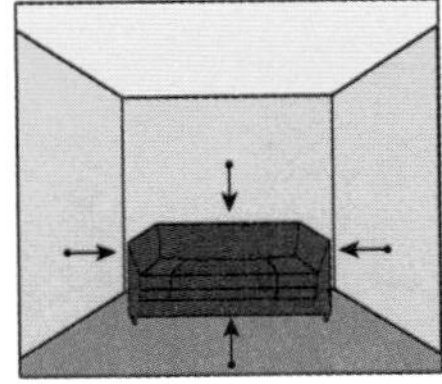

空间狭小，沙发采用收缩色，增加空间宽敞感

Designer 设计师微课堂

杨航
一野室内设计工程有限公司
设计总监

可以用收缩色调整狭长空间

在特别狭窄的空间里，饱满和凝重的收缩色可用在尽头的墙面上，或者在远距离的地方使用收缩色的家具，都能够从视觉上缩短距离感，两侧墙面用膨胀色，能够使空间的整体视觉比例更协调。

3 重色与轻色

重色：有些色彩让人感觉很重，有下沉感，这种色彩称为重色。相同色相深色感觉重，相同纯度和明度的情况下，冷色系感觉重。

要点
MAIN POINTS
空间过高时，吊顶采用重色，地板采用轻色。

轻色：与重色相对应，使人感觉轻、具有上升感的色彩，称为轻色。相同色相的情况下，浅色具有上升感，相同纯度和明度的情况下，暖色感觉较轻，有上升感。

要点
MAIN POINTS
空间较低时，吊顶采用轻色，地板采用重色。

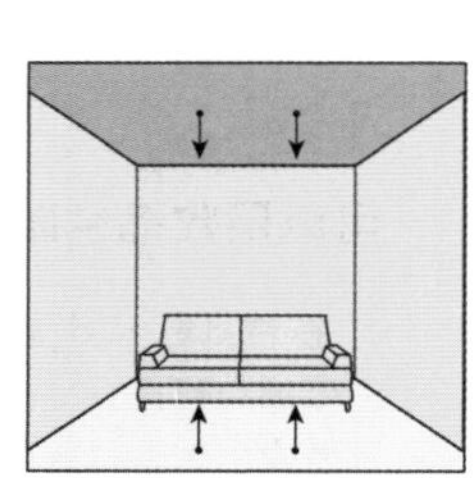

空间层高较高，吊顶用重色，地板用轻色，降低了层高

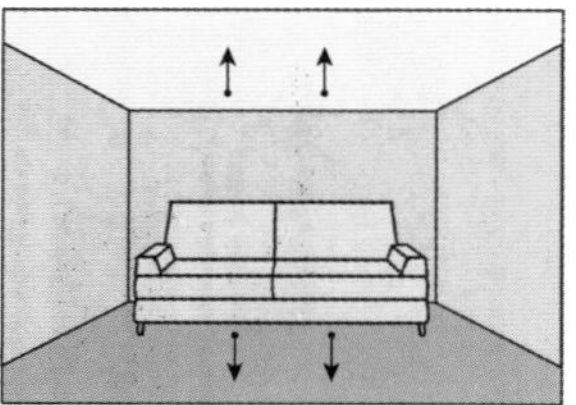

空间层高较低，吊顶用轻色，地板用重色，视觉上增加了空间高度

Designer 设计师微课堂

陈秋成
苏州周晓安空间装饰设计有限公司设计师

浅色在上、深色在下可拉高房间

对于高度特别矮的空间，将浅色放在天花板上、深色放在地面上，使色彩的轻重从上而下，层次分明，用上升和下沉的对比，也会从视觉上产生延伸的效果，使房间的高度得以提升。

链接

通过对比让色彩特点更明确

将色相、明度和纯度结合起来对比，会将色彩对空间的作用看得更明确一些。

◎暖色相和冷色相对比，前者前进、后者后退；相同色相的情况下高纯度前进、低纯度后退，低明度前进、高纯度后退。

◎暖色相和冷色相对比，前者膨胀、后者收缩；相同色相的情况下高纯度膨胀、低纯度收缩，高明度膨胀、低明度收缩。

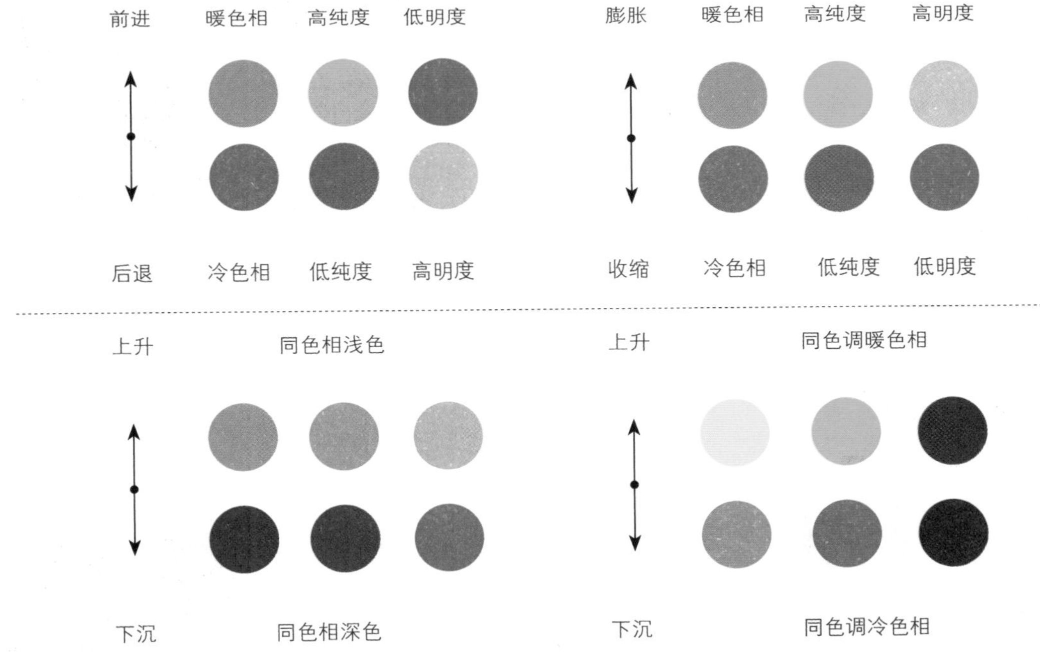

方法二：用图案调整空间

与前进色、后退色等色彩一样，壁纸、窗帘、地毯等软装的图案同样能够对空间产生影响。因此，可以通过图案结合色彩的方式，改善缺陷户型。

1 利用条纹改善空间视感

竖条纹拉伸高度：竖向条纹的图案强调垂直方向的趋势，能够从视觉上使人感觉竖向的拉伸，从而使房间的高度增加。

要点 MAIN POINTS

适合房高低矮的居室，但也会使房间显得狭小，小户型不适合多面墙使用。

横条纹延伸宽度：横向条纹的图案强调水平方向的扩张，能够从视觉上使人感觉墙面长度增加，使房间显得开阔。

要点 MAIN POINTS

适合长度短的墙面，但同时也会让房间看起来比原来矮一些。

▲上图的竖条纹图案用在墙上使房间的高度有拉伸感；下图横条纹的使用则使墙面看起来长度有所增加

Designer 设计师微课堂

孙琦
创意设计总监，陈设配饰设计师

部分墙面使用条纹特点不会过强

竖条纹壁纸能够拉高高度、横条纹壁纸能够拉伸宽度，但同时也会降低墙面宽度和墙面高度。在运用时，如果房间的宽度尚可，高度特别矮小，可以选择一面墙或者窗帘使用竖条纹，反之亦然。

2 利用花纹改变空间大小

大花纹缩小空间：大花纹的壁纸、窗帘、地毯等，具有压迫感和前进感，能够使房间看起来比原有面积小，特别是在此类花纹采用前进色或膨胀色时，此种特点会发挥到极致。

小图案扩大空间：小图案的壁纸、窗帘、地毯等，具有后退感，视觉上更具纵深感，相比大图案来说，能够使房间看起来更开阔，尤其是选择高明度、冷色系的小图案时，能最大限度地扩大空间感。

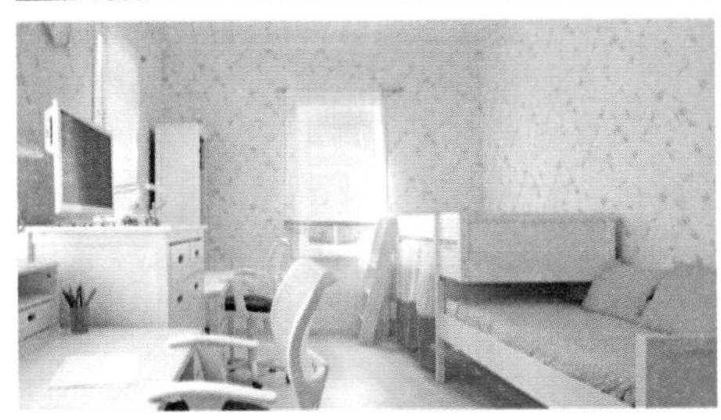

▲上图的大花纹壁纸有前进感，使原本空旷的卧室显得紧凑；下图明亮的小花纹壁纸提亮了空间色彩，使空间显得开阔

链接

面积对色彩的影响

同样的色彩，随着面积的改变，其自有的特点也会发生变化。例如，面积越大，明亮的颜色会显得更为明亮、鲜艳；暗调的色彩会显得越为阴暗。在选择家居材料的色彩时，通常是通过小块的样品来选择的，应将这一点考虑进去，避免与心理预期目标差异过大。

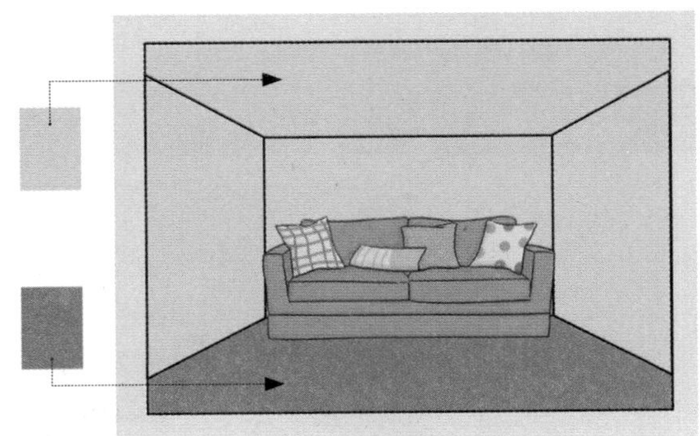

装修完毕的居室，墙面明亮的乳胶漆，感觉比原有小块样品的色彩更浅淡；而深色的地板色彩则比小块样品的色彩更加暗沉

用高彩色、明亮色
把窄小空间“变大”

配色要点：

①首选膨胀色，即明度、纯度高的颜色，一般多为暖色调，可用作重点墙面的配色或重复的工艺品配色。

②白色是明度最高的色彩，具有高膨胀性，能够使窄小的空间显得宽敞。

③浅色给人一种扩大感，十分适用于窄小的家居。浅色系可以用作背景色，之后用同类色来作为主配色角色、配角色及点缀色。

④中性色是含有大比例黑或白的色彩，如沙色、石色、浅黄色、灰色、浅棕色等，这些色彩能起到扩大空间感的视觉效果，常用作背景色。

窄小户型代表**配色速查**

膨胀色	白色系

黄色、红色、橙色均为膨胀色，但这种高亮色彩不建议作为背景色，可作为配角色和点缀色使用	用白色进行配色时，可以通过软装的色彩变化丰富空间层次，但原则上是不宜超过 3 种
浅色系	**中性色**

浅色系包括鹅黄、淡粉、浅蓝等，使用时要注意整体家居色彩尽量单一，以营造整体感	3/5 浅色墙面 +2/5 的中性色墙面，再用一点深色增加配色层次

配色技巧

▲空间以浅色为主色，一侧墙面采用褐色丰富空间配色，同时选择红色和蓝色的座椅作为点缀配色，使狭小空间的配色呈现多样化特征

明亮的膨胀色可以把小空间“变大”

想要把小空间“变大”，最佳的选择为明度高的膨胀色，可以从视觉上使空间更宽敞。其中，白色是最基础的选择。另外，还可以用浅色调或偏冷色的色调，把四周墙面和吊顶，甚至细节部分都漆成相同的颜色，同样会使空间产生层次延伸的作用。

◀地面色彩比墙面色彩略深，化解窄小户型的缺陷；蓝色系在墙面和沙发的运用，清爽中增加视觉焦点

处理好配色的节奏感是关键

窄小的空间想要色彩设计既简洁又丰富，运用色彩的重复与呼应，处理好节奏感是关键。通用的色彩原则是墙浅，地略深；也可以把特别偏爱的颜色用在主墙面，其他墙面搭配同色系的浅色调，就可以令窄小的空间产生层次延伸感。

色彩**搭配秘笈**

color collocational tips

CMYK 0 0 0 0	CMYK 40 47 69 0
CMYK 35 94 37 0	CMYK 81 40 11 0
CMYK 81 47 100 9	CMYK 11 13 88 0

将近占空间配色比例一半的白色为狭小空间带来了宽敞感。

木色作为主角色，与背景色搭配得相得益彰，空间配色柔和、自然。

高明度的桃红色作为配角色形成空间中的视觉焦点，在视觉效果上扩大了空间面积。

黄、绿、蓝作为点缀色出现，令空间呈现出全相型配色，形成开放式的配色效果。

CMYK 0 0 0 0

CMYK 59 69 71 18

CMYK 42 59 73 0

CMYK 52 100 83 32

白色为背景色，令狭小空间呈现出开敞感。

电视背景墙运用啡网纹大理石进行设计，丰富空间配色的同时，也令空间更具质感。

书桌、座椅运用和电视背景墙同色系的褐色，只在明度上做区分，统一中带有变化性。

酒红色的运用增加了空间配色的变化性，令小空间的配色不显枯燥。

CMYK	CMYK
0 0 0 0	32 43 59 0
61 75 86 37	79 35 35 0
84 82 84 71	78 51 51 0

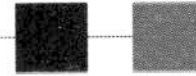

白色是空间中的主色，可以起到亮化空间的作用。

米黄色系的沙发和地毯构成空间中的主角色，与白色搭配可以增加窄小空间的宽敞感。

明度较高的蓝色起到提亮空间的作用，褐色作为白色吊顶的搭配色彩，丰富吊顶配色层次。

墨蓝色的坐墩与纯度较高的蓝色墙面形成色彩呼应，黑色的茶几起到稳定空间配色的作用。

CMYK	CMYK
0 0 0 0	39 39 39 0
59 67 90 24	69 68 67 30
82 85 87 73	

暖木色系使窄小的空间具有温馨感。

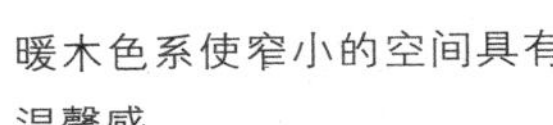

中性的灰白色和浅木色，作为空间中的背景色，可以使窄小空间看起来宽敞许多。

床品和地毯的色彩为不同明度的灰色系，可以起到丰富配色层次的作用；少量黑色的加入可以使配色显得更为稳定。

淡雅的后退色使狭长空间 **看起来更舒适**

配色要点：

①白色墙面、深色地面的低重心配色可以有效化解狭长户型的缺陷。

②浅色系具有通透的视觉效果，非常适合狭长的居室。由于整体家居配色较单一，可以利用同类色的家具和软装进行配色变化。

③白色系空间可以令狭长的空间显得通透、明亮，而灰色系除了具备与白色类似的功能外，还可以令空间显得更有格调。

④利用膨胀色装饰主题墙，为空间打造一个视觉焦点，从而弱化对户型缺陷的关注。这种配色适合追求个性的居住者。

狭长户型代表**配色速查**

低重心配色（白墙＋深色地面）	浅色系

为了避免空间单调，可使用软装来丰富层次感，但最好不要选择厚重款式	顶面、墙壁和地面都选用同样的浅色，相同的颜色和质感能够形成统一和谐的视觉效果
白色＋灰色	**膨胀色（彩色墙面）**

主题墙选择其中一种色彩，其他墙面选择另一种色彩；两种色彩搭配使用可以打造出高雅格调的居室	膨胀色运用只针对主题墙，不宜在整个家居配色中使用，否则会造成视觉污染，使户型缺陷更加明显

配色技巧

▲狭长户型适合浅淡的色彩，可以有效化解户型缺陷

淡雅色彩使狭长户型显宽敞

狭长户型的开间和进深的比例失衡比较严重，几乎是所有户型中最难设计的。因为有两面墙的距离比较近，且往往远离窗户的一面会有采光不佳的缺陷，所以墙面的背景色要尽量使用一些淡雅的、能够彰显宽敞感的后退色，使空间看起来更舒适、明亮。

配色尽量保持空间的统一性

狭长的户型一般分为两种：一种是长宽比例在 2 ： 1 左右；另一种的长宽比例则相差很多。第一种情况，可在重点墙面做突出设计，如更换颜色。第二种情况，可在空间墙面采用白色或接近白色的淡色，除了色彩外，材质种类也尽量要单一。但无论何种类型，都宜尽量保持整个空间的统一性，特别是墙面部分，不建议选用的材料及色彩超过 3 种。

▼墙面全部采用白色，且运用相同材质打造收纳柜，化解户型缺陷的同时，也为空间增加了实用功能

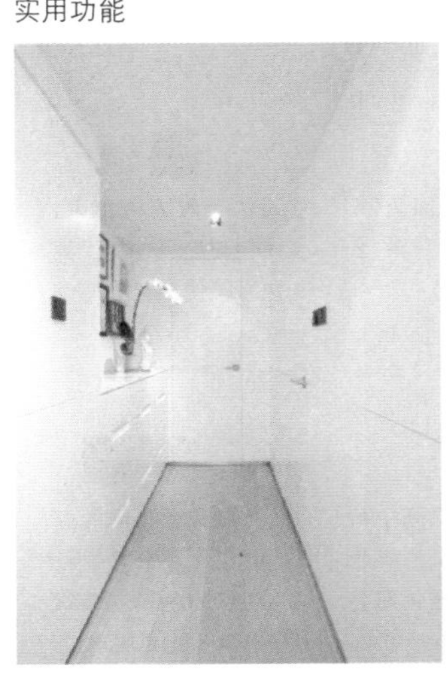

◀狭长空间内使用了厚重的暖色，但注重层次感的塑造，且面积控制得十分到位，不显沉闷

色彩**搭配秘笈**

color collocational tips

CMYK 18 13 11 0

CMYK 36 36 46 0

CMYK 73 71 84 47

浅色系的顶面和墙面构成空间中的背景色，适合狭长户型。

黑色作为点缀色，强化了空间的配色层次。

地面色彩为木色，与白色搭配得非常和谐。

CMYK 0 0 0 0

CMYK 53 54 62 0

CMYK 0 0 0 100

CMYK 20 20 63 0

CMYK 65 36 89 0

顶面、墙面及地面全部使用白色，以背景色来彰显宽敞感。

沙发的色彩为棕色系，主角色与地毯选择了同一色系，使配色具有统一性。

黑色的茶几是空间中的配角色，小面积的黑色在空间中起到强化配色效果的作用。

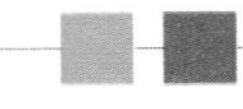

黄色和绿色作为点缀色，是空间中最亮丽的色彩，有效丰富了配色层次。

CMYK
0 0 0 0

CMYK
55 46 43 0

CMYK
73 88 53 20

CMYK
100 95 33 0

紫色作为膨胀色可以有效化解狭长户型的缺陷，与白色搭配可以起到点睛的作用。

灰色的水泥板地面形成低重心配色，令空间色彩更加稳定。

宝蓝色的座椅有提亮空间配色的作用，与紫色墙面同属暗色调，内敛而沉稳。

CMYK
0 0 0 0

CMYK
35 29 25 0

CMYK
55 46 43 0

CMYK
26 42 61 0

CMYK
83 74 71 43

白色和灰色作为空间中的背景色，干净的色彩可以有效化解狭长户型的缺陷。

沙发的色彩为主角色，采用比地面略深的灰色，层次感分明。

木色作为配角色，在大面积无彩色系中起到提亮空间视觉效果的作用。

黑色的窗框为点缀色，墙、地面同为无彩色系，形式统一的空间配色。

用强化或弱化配色
改善不规则的空间

配色要点：

①白色系具有纯净、清爽的视觉效果，特别适合不规则的空间，能够弱化墙面的不规则形状。

②玄关、过道等非主体部分为不规则形状时，可在地面适当进行色彩拼接，强化不规则的特点。

③彩色墙面与浅色吊顶较适合作为儿童房的阁楼配色，彩色的墙面符合儿童的心理需求，而浅色的吊顶则能中和彩色墙面带来的刺激感。

④利用纯色装饰不规则户型的墙面，可以带来具有变化性的视觉效果，令空间设计充满趣味性。地面的色彩则适合选择比墙面略深的色彩，这样的配色会使空间具有稳定效果。

不规则户型代表**配色速查**

白色系 + 色彩点缀	色彩拼接

较适合的色彩点缀为黑色、木色，这样的配色一般不会影响整体空间的氛围	条纹形壁纸装饰墙面，形成设计亮点，较适合追求特立独行的居住者
浅色吊顶 + 彩色墙面	**纯色墙面 + 深色地面**

最好选择柔和的色彩，柔化空间线条，吊顶则大多为白色	地面色彩既可以选择与墙面相近的类似色，也可以选择百搭的深木色

配色技巧

▲不规则的阁楼利用白色乳胶漆涂刷顶面和墙面，一体式的配色有效弱化户型缺陷

根据户型特点进行具体设计

现在市面上出现了很多不规则的家居空间，特别是阁楼，基本都有一些异形的存在，较常见的是带有圆弧形或有拐角的户型，还有一些五角、斜线、斜角、斜顶等形状。这些户型进行色彩设计时要比规整的户型难度大一些，但并不是所有的不规则形状都是有缺陷的，有些反而是一种特色，在进行色彩设计时，需要根据具体情况来选择弱化或是强化。

不规则形状为缺点户型应弱化

整个空间墙面全部采用相同的色彩或材料，加强整体感，减少分化，使异形的地方不引人注意。若空间的面积较小，建议采用白色或淡雅的色彩做墙面背景色，宽敞一些的空间可以采用带有图案的壁纸等材质。

不规则形状为特点户型应强化

将异形处的墙面与其他墙面的色彩进行区分，也可以用后期软装的色彩来做区别，背景墙、装饰摆件都可以破例选用另类造型和鲜艳的色彩。

▲弧形的卧室墙、地、顶均采用了浅淡的配色，整个空间的配色形成统一性，弱化了空间弧形的特质

▲将斜向的部分涂刷成区别于其他部分的黄色，并放置靠垫，就变成了一个小的休闲区

色彩**搭配秘笈**

color collocational tips

CMYK 0 0 0 0

CMYK 29 27 25 0

CMYK 59 53 43 0

CMYK 33 47 57 0

CMYK 77 46 92 6

CMYK 22 63 18 0

白色作为空间中的主导配色，空间显得干净而雅致。

浅米灰色的墙面同样呈现出整洁的样貌，令空间配色得以丰富。

橱柜台面和空间地面均为木质，只是色彩上有所区分，统一同时又富含些许变化。

利用插花中的绿色与桃粉色作为点缀色，令空间充满了春天的气息。

CMYK 36 28 59 0

CMYK 0 0 0 0

CMYK 60 64 79 18

CMYK 26 47 84 0

CMYK 84 80 79 63

绿色和白色拼接的墙面具有变化性，可以弱化不规则户型的缺陷。

灰褐色的床品构成空间中的主角色，使空间配色具有稳定性。

木色渐变的地板层次感极强，也呈现出温暖的基调。

地毯中的少量黑色和灰褐色的床品具有同样的功能，可以稳定空间中的配色。

CMYK
0 0 0 0

CMYK
8 100 90 0

CMYK
76 71 61 65

CMYK
46 36 32 0

CMYK
54 5 27 0

CMYK
29 73 78 20

白色和灰蓝色拼接的橱柜极具设计感。

墙面运用红色与青绿色的色彩拼接，对比型配色强化了空间特色。

黑色的地面具有稳定性，使整个空间的配色不显得轻飘。

棕褐色的窗帘与红色墙面形成色彩上的层次区分，呈现出空间配色的层次变化。

CMYK
0 0 0 0

CMYK
38 65 80 0

CMYK
87 72 69 39

CMYK
47 65 80 8

CMYK
75 78 80 55

CMYK
74 54 97 17

白色的顶面和墙面与棕色系的仿古砖地面形成低重心配色，稳定中不乏变化。

餐桌椅的色彩与地面的色彩接近，仅在明度上做区分，具有很好的融合感。

拱形墙内的黑色彩绘成为空间中的亮点设计，面积不大却十分出彩。

宝蓝色的花盆与绿植成为空间中的点缀色，起到丰富配色的作用。

第二节

不理想的空间环境

除了不理想的空间格局，有些空间的居住环境也不甚理想。如一些空间存在采光不佳的问题，或者有些带阁楼的户型，会遇到层高较低的问题。针对这些问题，同样可以运用配色手段来进行化解，最终实现舒适的居住环境。

明亮、清爽的配色可改善居室采光不佳的问题 / 120

拉伸、延展的配色可弱化空间层高过低的缺陷 / 124

明亮、清爽的配色
可改善居室采光不佳的问题

配色要点：

①白色作为基础色有很好的反光度，能够表现出一尘不染的感觉，令空间显得明亮而纯粹。在采光不好的家居中设计白色墙面，可以起到良好的补充光线的效果。

②黄色系属于亮丽的颜色，给人温暖、亲切的感觉。同时，黄色系本身就具有阳光的色泽，非常适合采光不好的户型，可以从本质上改善户型缺陷。

③蓝色系具有清爽、雅致的色彩印象，能够打破居室烦闷氛围，也能有效改善空间采光度。

④同一色调的居室，会自然而然地扩增观者的视野范围，同时也能提高空间亮度。色调上最好是采用亮色调，这样的色彩才能够有效化解户型缺陷。

采光不佳的户型代表**配色速查**

白色系	黄色系

如果觉得纯白色配色太过单一，可以利用软装来进行点缀搭配	鹅黄色、橙色等装饰采光不理想的家居，可以令空间显得十分柔和
蓝色系	同一色调

最好选择纯度较高的色调，或者是浅蓝色调；避免诸如灰蓝色、深蓝色这类加入黑色比重过多的色彩	家具或地板最好设计为浅色调，这样才能与墙壁搭配得协调统一，不显突兀

配色技巧

▲由于客厅中没有采光的窗户，因此吊顶和墙面运用了明度较高的白色，有效化解户型缺陷

结合空间硬装建材进行配色

房间的采光不好，除了拆除隔墙增加采光外，还可以通过色彩来增加采光度，如选择白色、米色、银色等浅色系，避免暗沉色调及浊色调。同时，要降低家具的高度，材料上最好选择带有光泽度的建材。

▶地面色彩比墙面色彩略深，化解窄小户型的缺陷；蓝色系在墙面和沙发的运用，清爽中增加视觉焦点

利用地面材质提升空间亮度

大面积的浅色系地板、瓷砖等装修材料会很好地改善空间采光不足的问题。另外，浅色材料具有反光性，能够调节居室暗沉的光线。但大面积浅色地面，难免会令空间显得过于单调，因此可以在空间的局部加重色点缀。

色彩搭配秘笈

color collocational tips

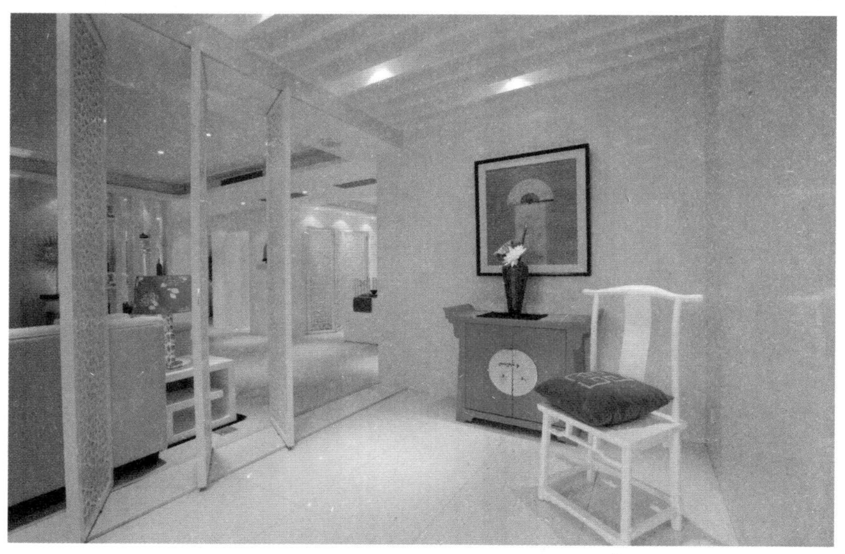

CMYK 0 0 0 0

CMYK 84 82 85 73

CMYK 44 98 100 12

CMYK 60 52 93 12

白色的明度较高，最适合用于采光不佳的玄关。

为了避免运用大面积白色产生的单调感，可以通过使用红色的软装来丰富配色。

少量的黑色和绿色作为点缀色出现，使空间配色更具质感。

CMYK 8 58 79 0

CMYK 0 0 0 0

CMYK 0 20 89 0

CMYK 56 82 100 48

CMYK 0 0 0 100

CMYK 70 39 89 0

橙色与白色作为空间的主要配色，有效化解采光不佳的缺陷。

深褐色的地面具有稳定配色的作用。

黑色抱枕及英文字母与白色形成色彩对比，令配色更加醒目。

黄色的抱枕和绿色的百合花作为点缀色，丰富空间的配色层次，也与橙色空间搭配和谐。

CMYK
59 62 78 16

CMYK
53 65 87 14

CMYK
59 71 73 21

CMYK
93 89 87 78

不同色调的褐色形成丰富的配色层次，有效缓解采光不佳的空间缺陷。

少量黑色作为玄关的点缀色，可以令空间配色显得更加稳定。

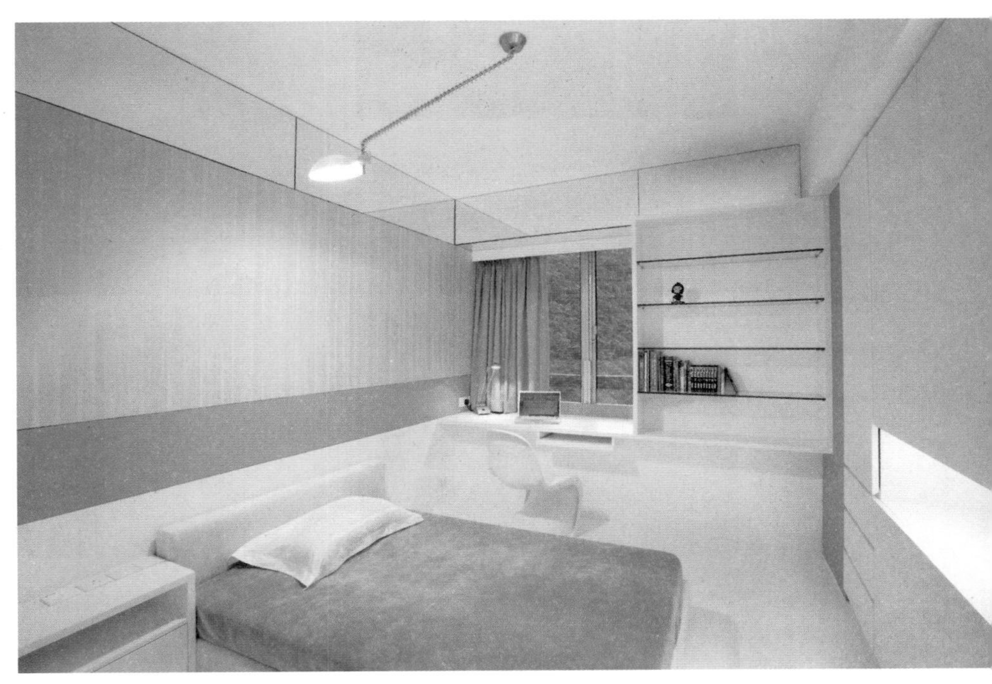

CMYK
0 0 0 0

CMYK
40 22 16 0

CMYK
68 25 25 0

CMYK
63 34 15 0

白色作为空间主色，最大限度地提升了空间亮度。

不同明度的蓝色具有层次变化，清新的色彩也具有提升空间亮度的作用。

拉伸、延展的配色
可弱化空间层高过低的缺陷

配色要点：

①将吊顶刷成白色、灰白色或是浅冷色，这样的色彩可以在视觉上令吊顶显得比实际要高。

②层高较低的空间适合采用暖色调，亮丽鲜艳的色彩能提升空间的整体亮度，使空间显得活泼，起到很好的扩大、亮化空间的作用。

③利用同类色深浅搭配的竖条纹可以在视觉上拉伸层高，还可以丰富空间层次。

④除了同类色深浅搭配，也可以采用不同色调的深浅搭配来弱化户型层高过低的缺陷。其中的一种颜色最好为黑色、白色等无彩色系，这样的配色具有稳定的效果。

层高过低的户型代表**配色速查**

浅色吊顶＋深色墙面	暖色系

墙壁和吊顶为对比较强烈的颜色，配色效果显著	暖色系墙面若想避免单调，可以选择带有花纹的壁纸，但原则是花形图案要尽可能小
浅色系	**色调深浅搭配**

浅色系相对于深色系具有延展感，具有适当拉伸空间高度的效果	选择本身明度较高的颜色，如蓝色、绿色等，这样的颜色可以令空间显得更加轻快

配色技巧

▲复式空间的二楼层高较低，运用白色吊顶搭配木色地面的低重心配色，可以弱化户型缺陷

浅色吊顶最适合层高过低的户型

层高过低的户型会给人带来压抑感，给居住者带来不好的居住体验。由于不能像层高过高的户型那样做吊顶设计，因此针对过低层高的家居，最简洁有效的方式就是通过配色来改善户型缺陷，其中以浅色吊顶的设计方式最为有效。

擅用色彩的明度变化

在设计时，顶、墙、地都可以选择浅色系，但可以在色彩的明度上进行变化。常用的配色为白色、米色和米黄色之间的搭配。

◀浅色系的阁楼空间十分适合用作儿童房，淡雅的配色方案有效地弱化了层高过低的缺陷；而亮色系的软装则丰富了空间的色彩内容

色彩**搭配秘笈**

color collocational tips

CMYK 0 0 0 0

CMYK 73 81 85 62

CMYK 100 60 0 30

CMYK 47 64 78 7

CMYK 75 61 100 32

白色吊顶搭配深褐色的墙面，色彩上形成对比，丰富配色层次。

浅褐色的地面与吊顶形成低重心配色，与墙面为同一色系的不同明度变化。

绿色与蓝色花卉图案的床品令空间中的配色呈现出多样化特征。

CMYK 8 27 47 0

CMYK 0 0 0 0

CMYK 24 100 100 0

CMYK 92 87 82 73

CMYK 59 80 38 10

CMYK 74 54 97 17

暖色系的吊顶与墙面连为一体，弱化了层高较低的户型缺陷。

白色的地面和窗帘是空间中最亮的配色，起到提亮空间的作用。

暖色系的红色沙发增加了空间的温馨指数。

黑色作为点缀色出现可以令暖色过多的空间具有稳定性；紫色和绿色的插花则丰富了配色的层次。

CMYK
0 0 0 0

CMYK
21 27 40 0

CMYK
52 66 90 15

CMYK
46 77 80 9

CMYK
49 44 74 0

将白色运用到顶面和床品的配色中，使之成为空间中占比最大的配色。

不同明度的米色壁纸可以有效弱化空间层高较低的缺陷。

暗浊色调的深褐色作为空间中的家具配色，可以增加空间的稳定感。

浊色系的红色和绿色具有点缀作用，其色调与家具色彩又同属一种色调，不显突兀。

CMYK
0 0 0 0

CMYK
10 15 21 0

CMYK
14 78 100 0

CMYK
7 30 65 0

CMYK
35 100 100 0

白色和米色构成空间中最大面积的配色，令空间显得宽敞的同时，还弱化了层高低的缺陷。

暖木色的床头柜增加了空间配色的温馨效果。

土黄色和红色的抱枕作为空间中的点缀色，既与床头柜的配色形成呼应，又具有变化性。

第四章
用色彩创造家居风格

根据居室的面积和喜好 **选择设计风格**

在选择居室的设计风格时，首先要考虑居室面积，有些风格的配色较厚重，就不适合用于小户型，例如，东南亚风格。

除了确定风格选择色彩，也可根据喜欢的色彩来选择适合的风格，例如，喜欢蓝色，可选择的风格有简约、地中海、田园风格等，而后再具体选择。

将所有风格的特点及相关的代表色做成表格的形式，更直观、简洁，可以直接对照来确定喜欢的风格及所用的色彩。

色彩与风格核对表

现代风格

色彩运用大胆，或浓重艳丽，或黑白对比，以追求强烈的反差效果

①色彩鲜艳、对比强烈
②家具造型多变
③灯具材质现代，造型富有艺术感
④白色为主色，黑色为点缀色，充满对比

适合以下居住者

□喜欢凸显自我、张扬个性
□喜欢大胆鲜明、对比强烈的色彩搭配
□喜欢奇特的光、影变化
□喜欢新型材料及工艺做法
□喜欢抽象、夸张的图案
□喜欢造型新颖的家具和软装

简约风格

色彩以淡雅、清新为主，大面积使用白色和浅淡色，明亮的色彩做点缀

①干净、明快的色调
②具有对比的软装配色
③空间线条简洁、利落
④简约不简单的设计手法

适合以下居住者

□喜欢简约流畅的造型
□喜欢明快的色调
□喜欢对比强烈的色彩搭配
□对色彩、材料的质感要求高
□喜欢玻璃、金属等材料
□喜欢以现代感软装来丰富空间

新古典风格

白色、金色、黄色、暗红是常见的配饰主色调，糅合少量白色

①金色的装饰镜框
②高雅、精致的配色
③石材地面的铺设
④欧式元素的装饰画

适合以下居住者

□喜欢欧式风格的文化底蕴
□喜欢具有高雅感的色彩搭配
□喜欢具有精致感的设计
□喜欢欧式花纹的壁纸、布艺
□地面喜欢铺设石材及拼花
□喜欢经过简化的欧式线条

新中式风格

白色、金色、黄色、暗红是常见的配饰主色调，糅合少量白色

①水墨装饰画具有中式韵味
②青花瓷台灯进行色彩点缀
③浓重、沉稳的配色
④造型优美的仿古灯装饰

适合以下居住者

□喜欢古雅中式的元素
□喜欢红色、黄色、黑色等软装
□喜欢浓厚、成熟的色彩搭配
□喜欢简朴、优美的造型
□喜欢字画、瓷器、丝绸装饰
□喜欢屏风、隔断、博古架
□喜欢比较天然的装饰材料

美式乡村风格

主要为绿色和大地色。大地色通俗地讲就是泥土的颜色，代表色有橡胶色、绿色和褐色以及茶色

①大地色的配色设计
②自然裁切的砖石
③拱形家具及墙面造型
④木质和布艺材质的沙发

适合以下居住者

□喜欢大地或比邻为主的配色
□喜欢带有仿旧效果，式样厚重、质朴的家具
□喜欢带有拱形的造型
□喜欢突出舒适和自由的氛围
□喜欢布艺装饰
□喜欢摇椅、铁艺、绿植装饰

田园风格

以清淡的、水质感觉的色彩为主，如橘黄、嫩粉、草绿、天蓝、浅紫等

①粉嫩的色彩
②具有自然主义倾向的配色
③碎花图案的运用
④绿植装饰

适合以下居住者

□喜欢带有自然感的装饰

□喜欢自然、随意的居室氛围

□喜欢绿色或大地色系

□喜欢在家中摆放多种植物

□喜欢格子、条纹、花朵图案

□喜欢带有朴实、自然感的装饰材料，如竹、陶、藤等

北欧风格

黑白组合中加入灰色，实现明度渐变，使风格配色的层次更丰富

①天然木质材料
②干净、通透的空间
③宜家风格的布艺沙发
④小型的绿植装饰

适合以下居住者

□喜欢丹麦、芬兰、挪威、瑞典这些北欧国家

□喜欢干净、通透的空间氛围

□喜欢天然的木质材料

□喜欢宜家家居风格，以及无印良品家居用品

□喜欢布艺棉麻制品

□喜欢多肉、蕨类等小型植物

地中海风格

蓝＋白，经典地中海；黄＋绿，情调地中海；土黄＋红褐，质朴地中海

①经典的蓝色配色
②铁艺枝灯装饰
③具有质感的仿古砖
④圆润的拱形门

适合以下居住者

□喜欢纯美的色彩搭配

□喜欢铁艺、金属器皿等

□喜欢浑圆的曲线造型

□喜欢贝壳、鹅卵石、细沙等

□喜欢蓝＋白、黄＋绿、土黄＋红褐中任意一种配色

□喜欢仿古砖、马赛克

东南亚风格

色彩搭配斑斓高贵，家具多为褐色等深色系，织物多色彩绚丽、魅惑

①热带雨林植物图案
②色彩绚丽的泰丝抱枕
③取材自然的木雕家具
④做旧的铁艺摆件

适合以下居住者

□喜欢带有雨林特色的艳丽

□喜欢做旧铁艺或金色软装

□喜欢椰壳、柚木、竹等饰品

□喜欢取材于自然界的家具，如藤、草、木等

□喜欢带有绚丽色彩的回归自然感的各种软装

第一节

源于东方的家居风格

源于东方的家居风格，在设计中经常出现的有新中式风格、东南亚风格等。其中，由于新中式风格往往带有格调感，适合高知人群，配色要典雅；东南亚风格的配色则需体现出带有热带雨林的神秘感，适合年龄 40 岁以上的居住者。

大胆追求配色效果差的现代风格 / 136

从雨林中采撷艳丽配色的东南亚风格 / 144

以现代思维展现融合型配色的 新中式风格

配色要点：

①新中式风格吸收古典中式的精华，与现代造型结合，采用融合型配色，打造出更符合现代人习惯的古雅风格。

②常用白色或米色作为背景色，再以黑色做主角色或选择黑白组合的家具。

③古朴的棕色通常会作为搭配色，出现在黑白两色配色中；若用在地面上，能够增加亲切感和自然感。

④若居住者较年轻，不太喜欢过于厚重或素雅的颜色，可以使用鹅黄色来搭配蓝紫色或嫩绿色，为空间增添年轻的感觉，主色可使用无色系。

源自民国的朴素配色或源自皇家的高贵配色

新中式风格的家具多以深色为主，墙面色彩搭配有两种常见形式：

一种以苏州园林和民国民居的黑、白、灰色为基调，这种配色效果素雅。

一种是在黑、白、灰基础上以皇家住宅的红、黄、蓝、绿等作为局部色彩，此种配色较个性。

▼新中式的家居中，运用大量的黄色、蓝色作为配色，形成具有现代时尚感的中式家居环境

新中式风格代表**配色速查**

无色系

兼具时尚感及古雅韵味的新中式配色方式

以无色系为主，少量搭配木色，可增添整体空间的温馨感

以棕色系点缀，可强化厚重感和古典感，增添亲切的氛围

无色系+皇家色

最具中式古典韵味的新中式配色，具有皇家的高贵感

通常会加入棕色系，是具有清新感的新中式配色方式

加入多彩色的新中式配色，可为古雅的韵味注入活泼感

配色技巧

▲大面积白色的餐厅中，为了避免单调，在背景墙上绘制梅花图案，既丰富了配色层次，又令风格特征更加明显

用中式图案调节层次

若觉得空间中大量使用无彩色会令家居空间显得单调，可以利用图案来化解。例如，绘制梅花、荷花等图案的手绘墙，可以使空间显得更有层次，也更有设计感。

配色禁忌

配色设计忌“因小失大”：家居配色时，需对整体空间配色进行全局考量，避免色彩的小面积堆积，而导致没有层次感的设计。应首先确定下来背景色和主角色，再用配角色和点缀色进行渲染。

色彩**搭配秘笈**

color collocational tips

无色系

CMYK
0 0 0 0

CMYK
62 68 81 27

CMYK
78 80 79 62

棕色布艺织物兼容了灰色的细腻感和茶色系的古典感，彰显一种带有柔和感的底蕴。

当整体配色方式倾向于简约的黑白灰时，镂空雕花的隔断和中式座椅能够强化古典氛围，同时搭配少量黑色调，令空间更具典雅气息。

CMYK
0 0 0 0

CMYK
65 83 85 54

CMYK
66 61 68 15

CMYK
59 38 60 0

空间中的背景色和主角色均为淡雅的色彩，令空间呈现出干净、整洁的面貌。

客厅中的点缀色为红棕色和绿色，虽为对比配色，但由于色调较为淡雅，不觉刺激，反而更具层次。

CMYK
0 0 0 0

CMYK
57 65 100 20

CMYK
77 61 91 34

CMYK
35 36 56 0

CMYK
70 65 58 13

大气的回字形吊顶和木纹砖均采用白色系，令黄褐色系的家具更显高雅。

米色和黄褐色相结合设计的墙面，从细节处体现新中式风格的精致品位。

蓝紫色系的布艺织物和茶几上温润如玉的瓷器体现出中式风格独有的意境。

CMYK
46 77 100 11

CMYK
39 41 42 0

CMYK
50 80 100 50

CMYK
0 0 0 0

新中式风格的家具可以选择黄褐色实木与白色布艺相结合的方式，来满足现代人追求舒适的体验。

深棕色的实木隔断令客厅具有进深感。与米色调的墙漆相搭配，可令空间显现独特的古韵。

CMYK
0 0 0 0

CMYK
42 60 85 2

CMYK
27 30 58 0

CMYK
100 0 0 0

CMYK
62 38 95 0

黄色、米色糅合少量白色，这样的配色方式具有浓郁的中式古典特征，暖色居多，搭配家具的款式都非常简洁，避免产生沉闷感。

绿色、蓝色能够第一时间让人联想到大自然，在暖色为主的文雅空间中，点缀少量蓝色瓷器或绿植，可以为新中式风格的卧室增添一些蓬勃的生机。

无色系 + 皇家色

CMYK 15 26 81 0

CMYK 61 56 60 4

CMYK 0 0 0 100

CMYK 22 20 21 0

CMYK 83 65 50 8

黄色是古代皇家的色彩，象征着高贵。与大气的灰色调结合，令新中式风格更加有韵味。

黑色的台灯与银色的窗帘同属无色系，二者将古典与现代和谐相融，体现低调和高雅。

无色系为主的客厅空间容易使人感到平淡，加入一点明亮的蓝色山水挂画便显得清雅起来。

CMYK 0 0 0 0

CMYK 62 75 93 40

CMYK 43 96 100 10

CMYK 39 44 67 0

CMYK 91 87 89 78

红色布艺织物与白色的中式壁画为古韵空间带进了一丝热烈，增添了尊贵的气质。

棕色系的真皮沙发与黑色的坐凳体现出中式一丝不苟的态度，棕黄色的抱枕则以轻盈的姿态，柔化了整体氛围。

CMYK
92 85 69 55

CMYK
11 21 36 0

CMYK
47 24 28 0

CMYK
55 47 64 0

CMYK
0 0 0 0

设计师以灰绿色条纹壁纸和深蓝色窗帘搭配来塑造中式典雅感，其中绿色的使用增添了清新感，同时奠定了空间的主色调。

线条简练的白色仿古家具与精致的蓝色瓷器搭配和谐，令客厅尊贵中透着时尚感。

淡黄色的仿古灯上印有荷花图，其清新典雅的格调被古人盛赞，也广泛用于新中式风格中。

CMYK
92 67 45 5

CMYK
23 68 14 0

CMYK
0 0 0 0

CMYK
27 34 40 0

CMYK
66 77 100 52

孔雀蓝与粉红色组成一种独具魅惑的色彩，与白色的纱帘相结合，更衬托出新中式风格的优雅意境。

棕色与米黄色颜色较为沉稳，和艳丽的颜色搭配能够更好地衬托出色彩的雅致。

从雨林中采撷艳丽配色的
东南亚风格

配色要点：

①东南亚风格的家居配色源自于雨林，具有浓郁的民族特点和热带风情。

②常用夸张艳丽的色彩冲破视觉的沉闷，如红色、蓝色、紫色、橙色等神秘、跳跃的色彩。

③家具大部分采用深木色，布艺多为丝绸，颜色则比较艳丽。

④香艳的紫色十分常见，可以强化东南亚风格的异域风情，适合局部点缀在纱幔、手工刺绣的抱枕或桌旗之中。

源自于热带雨林的配色

东南亚家居风格崇尚自然，带来浓郁的异域气息。配色可总结为两类：

一种是将各种家具，包括饰品的颜色控制在棕色或咖啡色系范围内，再用白色或米黄色全面调和。

一种是采用艳丽颜色做背景色或主角色，例如，红色、绿色、紫色等，再搭配艳丽色泽的布艺系列，黄铜、青铜类的饰品以及藤、木等材料的家具。

前者配色温馨，小户型也适用；后者配色跳跃、华丽，较适合大户型，两者各有特色。

▼棕色系与热带植物图案在家居中运用，形成浓郁的东南亚风格配色

东南亚风格代表**配色速查**

棕色系

棕色系搭配白色或高明度浅色，如米色、米黄等，效果明快、舒缓

棕色系搭配低明度的彩色，如暗蓝绿、暗红等，效果沉稳

棕色系搭配咖啡色、褐色等，统一又具有层次，是最具自然感的搭配

艳丽色彩

艳丽暖色为点缀，搭配冷色或棕色系，热烈而妩媚

艳丽冷色点缀，搭配暖色或棕色系，为居室带来清爽气息

大面积艳丽色彩对比，具有浓烈的异域风情

配色技巧

用米色弱化对比感

若喜欢柔和的配色，可用米色墙面替代白色墙面，与其他色彩，特别是暗色搭配，会显得柔和很多。

◀空间中的墙面为米黄色系的花纹壁纸，与棕色搭配，层次分明

可选自然类别的图案强化风格

当空间中采用的配色较朴素时，可以选取相应的图案来增加层次感并强化风格，例如，热带特有的椰子树、树叶、花草等图案均可。

◀卧室中的配色大致为白色系和棕色系，因此运用热带植物的图案来提升空间的风格特征

色彩**搭配秘笈**

color collocational tips

棕色系

CMYK	CMYK	CMYK	CMYK	CMYK	CMYK
0 0 0 0	31 60 77 0	57 95 100 48	50 27 50 0	37 48 64 0	59 67 60 9

白色和棕色作为空间中的主色，给人沉稳的色彩印象。

米黄色带有花纹图案的窗帘，丰富了空间的配色层次。

带有温暖感的橙色抱枕，体现出热带风情。

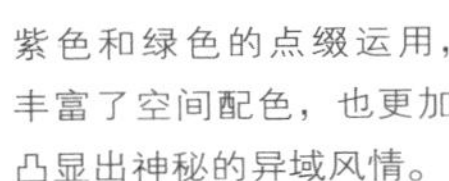

紫色和绿色的点缀运用，丰富了空间配色，也更加凸显出神秘的异域风情。

CMYK 0 0 0 0

CMYK 21 13 37 0

CMYK 68 55 71 10

CMYK 66 76 90 50

CMYK 49 65 96 8

CMYK 36 42 96 0

CMYK 58 32 32 0

白色的吊顶是空间中明度最高的色彩，有效提亮空间配色。

浅黄、灰绿和棕褐色形成墙面配色，形成具有层次感的配色；棕色的茶几与背景墙的棕褐色形成色彩呼应。

浅木色的电视柜和装饰画形成空间中的温暖配色，提升空间的暖度。

少量蓝色的点缀，令原本沉稳的空间具有了一丝清新感。

CMYK 71 79 92 60

CMYK 63 69 90 32

CMYK 0 0 0 0

CMYK 77 62 91 36

CMYK 10 67 65 0

为了避免空间配色过于压抑，运用白色来进行调剂。

绿植和红色台灯的点缀，为整体沉稳的配色增添了活力。

不同明度的棕色系作为吊顶、墙面、地面，以及部分家具的配色，其同相型的配色形成稳重的配色印象。

CMYK
0 0 0 0

CMYK
51 90 100 29

CMYK
79 79 86 67

白色和棕色作为空间中的主色，沉稳、厚重，为传统的东南亚配色特征。

运用少量黑色作为空间中的配色点缀，令配色效果更为稳定。

CMYK
0 0 0 0

CMYK
40 39 51 0

CMYK
70 77 79 50

CMYK
61 49 91 4

白色和米色的明度差非常小，两者搭配能够具有微弱的层次变化。

棕色系的运用为空间增加了稳定感，也具有了浓厚的怀旧情调。

浊色调的绿色，塑造出了素雅而又不乏细腻感的东南亚韵味。

艳丽色彩

CMYK 0 0 0 0

CMYK 2 36 58 0

CMYK 54 93 100 43

CMYK 94 99 53 30

CMYK 51 69 55 3

CMYK 26 38 77 0

餐厅的吊顶为白色，地面为黄棕色系的仿古砖，低重心配色使空间显得更加稳定。

墙面运用带有花纹的红棕色壁纸，与地面属于近似型配色，效果协调。

运用深蓝色、紫色和黄色作为点缀配色，既带有雨林的神秘特征，又使配色显得丰富。

CMYK 0 0 0 0

CMYK 41 81 100 6

CMYK 88 51 56 4

CMYK 57 82 0 0

CMYK 27 22 86 0

CMYK 39 17 87 0

CMYK 38 100 54 0

白色的吊顶与墙面在色系上有所呼应，使配色的整体感更强，同时柔化了家具的沉重感。

金黄色的吊顶呈现出奢靡的配色印象。

暖棕色系在空间中的大量使用，散发出浓郁的热带风情。

玫红色、紫色、果绿色、湖蓝色相间的抱枕，彰显出浓郁的热带雨林风情，妩媚中带着神秘，温柔与激情兼备。

CMYK 30 38 75 0

CMYK 0 0 0 100

CMYK 0 0 0 0

CMYK 70 38 20 0

CMYK 71 97 58 34

CMYK 46 94 52 2

CMYK 47 100 99 21

具有暖意色彩的棕黄作为空间中墙面和地面的配色，与同类型的配色形成稳定感极强的配色设计。

黑色的家具令空间中的配色显得沉稳。

紫色具有神秘感，结合薄纱、丝绸、布艺等材料，配以对比色及同类色的布艺，打造出低调奢华感的东南亚居室。

多样的色彩形成了空间中布艺的配色，打造出神秘感十足的东南亚风格的卧室。

第二节

源于西方的家居风格

源于西方的家居风格，配色来源主要为当地的环境。如地中海家居配色要体现出海洋般的清爽感，北欧家居配色则要表达出干净的空间氛围，美式乡村和田园风格的配色要表现出自然感，新欧式风格的配色则既要保留传统欧式的尊贵感，又要适当做简化。

色彩搭配高雅、和谐的新古典风格 / 154

配色简洁，体现空间纯净感的北欧风格 / 162

强调回归自然配色理念的美式乡村风格 / 170

从自然界中寻找配色灵感的田园风格 / 178

色彩组合纯美、奔放的地中海风格 / 186

色彩搭配高雅、和谐的 **新古典风格**

配色要点：

①新古典风格将欧式古典风格与现代生活需求相结合，色彩搭配高雅而和谐，是一种多元化的风格。

②新古典风格保留了古典主义的部分精髓，同时简化线条和配色方式，白色、金色、暗红色是其常见色彩。

③新古典风格在进行家居装饰时，可选择一种常用颜色，而后分出主次，进行色彩混搭。

④新古典风格的软装多为低彩度，布艺以棉织品为主。

▲英式新古典风格绅士感十足，墨绿和橙色的搭配给人低调、有内涵的感觉

▼欧式新古典带有简约的意味，空间配色冷静、简练，给人雅致的感觉

色彩组合高雅、和谐

高雅而和谐是新古典风格色彩设计给人的感觉，但在风格细分领域其色彩搭配也会有所区别。

如英式新古典风格的代表配色为深红色、绛紫色、深绿色等；法式新古典风格的代表配色为金色与浅色背景搭配；欧式新古典的常用色彩包括白色、金色、石青色、灰色、淡蓝色、灰绿色、黑色等。

▼法式新古典风格体现出女性的优雅感，粉蓝色和白色的搭配令空间呈现出优雅感

新古典风格代表**配色速查**

白色系

兼具华丽感和时尚感，金属色常出现在家具和墙面

白色为主搭配黑色、灰色或同时搭配两色，极具时尚感

融合舒适感和清新感的配色形式

其他

背景色、点缀色均可，具有清新自然的美感

使家居配色显得更浓郁，塑造出具有典雅感的空间氛围

具有厚重感的新古典配色方式，一般不适合小空间

配色技巧

▲空间中家具的色彩纯度较高，如果背景色也用高纯度色彩，容易令配色显得激烈，没有重点。因此采用大面积无彩色进行配色，令空间呈现出带有英式新古典低调、轻奢的氛围

根据家具色彩进行配色

如果对配色没有把握，可以先选择家具，确定下来主角色，然后再根据家具选择背景色、配角色和点缀色，这样的配色不容易造成层次的混乱。

配色禁忌

避免过多大地色带来沉闷感：若空间不够宽阔，不建议大面积使用大地色系做墙面背景色，容易使人感觉沉闷。

色彩**搭配秘笈**

color collocational tips

白色系

CMYK 0 0 0 0
CMYK 22 26 39 0
CMYK 83 78 75 58
CMYK 51 39 58 0
CMYK 58 95 78 45
CMYK 74 57 55 5

白色和灰褐色系组合的墙面作为空间中的背景色，塑造出素雅的空间氛围。

黑色的茶几、电视柜、边几，在大面积浅色系的空间中，显得沉稳、有力度。

浊色系的红色、绿色、蓝色三色作为地面的色彩，丰富了空间的配色层次，使整体空间的色彩具有了创意。

CMYK 0 0 0 0
CMYK 0 0 0 50
CMYK 42 42 43 0
CMYK 54 60 77 8
CMYK 14 38 10 0

白色不是完全统一的色调，如沙发为旧白色，茶几为纯白等；这种在同一色相内制造层次变化的方法，不会破坏整体感。

灰褐色系的地毯丰富了空间的配色层次，提升了空间雅致的风格特征。

背景墙中的灰色与大面积墙面的白色形成搭配，塑造素雅的空间氛围。

棕色抱枕和粉色插花在整体素雅的空间中十分抢眼，令空间配色不显单调。

CMYK
0 0 0 0

CMYK
54 46 77 0

CMYK
83 78 75 58

CMYK
38 13 85 0

黑色、白色两色为主，奠定肃穆、端庄的基调。

不同明度的绿色作为配角色和点缀色加入，以沉稳的色调调和了氛围和层次感。

CMYK
0 0 0 0

CMYK
87 83 85 74

CMYK
56 39 84 0

CMYK
40 42 48 0

CMYK
73 49 39 0

白色和米灰色作为空间的主色，使空间显得素雅、干净。

少量的黑色作为点缀，起到稳定空间配色的作用。

蓝色、绿色两色的点缀，令空间显得清爽、自然。

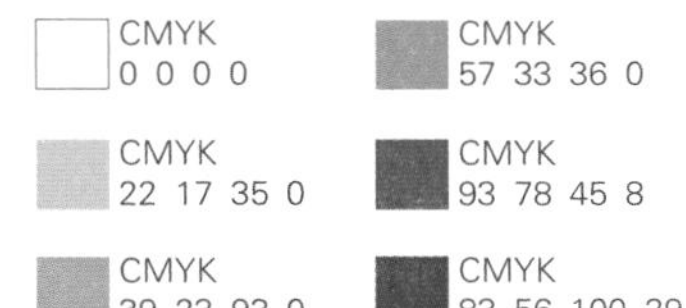

白色和明浊色调的蓝色塑造的墙面，形成极具优雅感的配色环境。

米灰色的沙发组合与空间背景色形成优雅感。

黄色、绿色、蓝色作为空间中的点缀色，其三角型的配色特征，为空间带来稳定性。

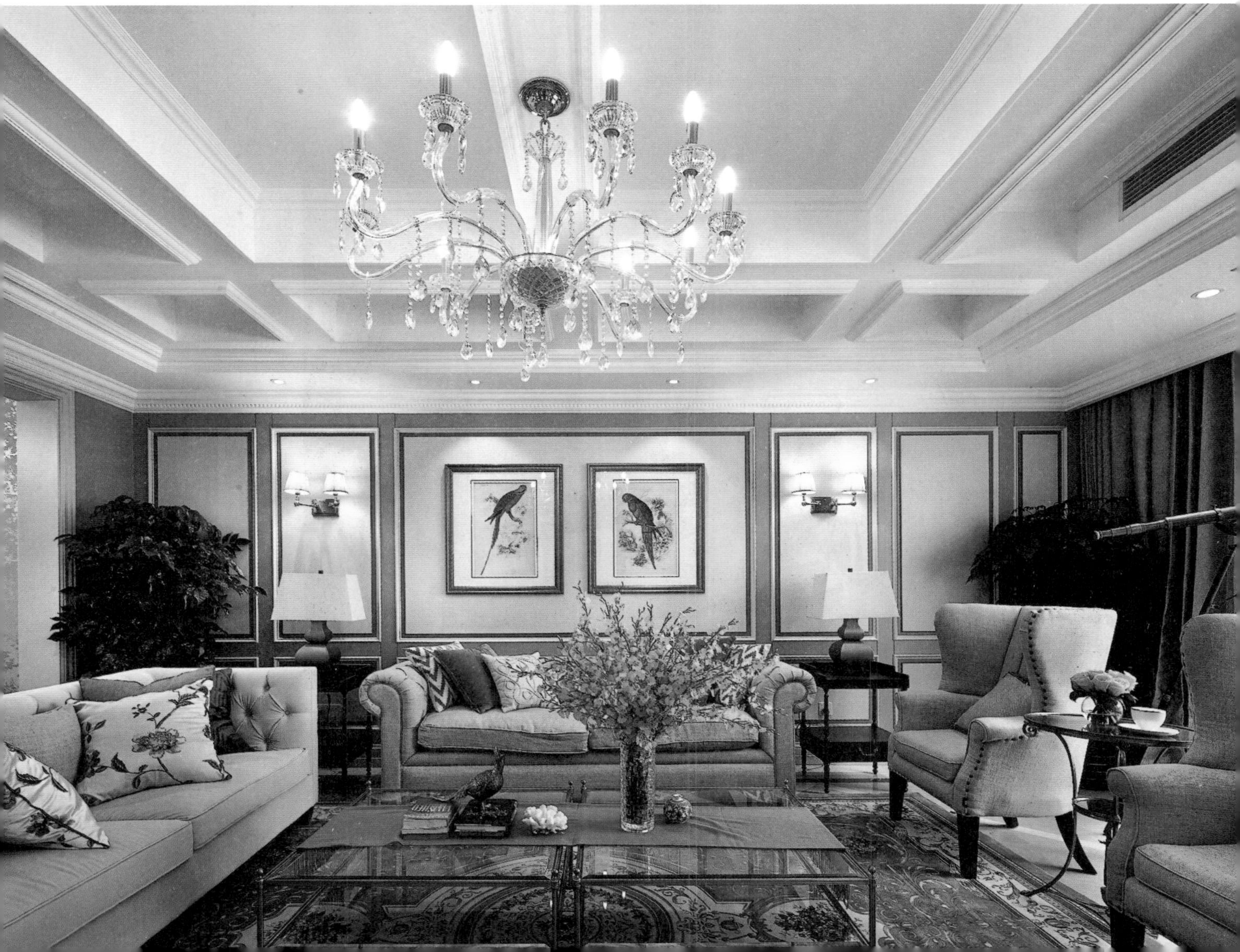

其他

CMYK	CMYK
0 0 0 0	51 61 68 7
51 36 33 0	58 18 33 0

白色作为吊顶、部分墙面，以及家具的配色，为空间奠定了整洁的色彩基调。

棕色系的地板为整体清爽的空间注入了一丝暖意。

微浊的蓝色既令空间显得清爽，又不会令配色显得过于轻飘。

明度较高的蓝色作为点缀色，提升了空间的清爽感，也使配色层次更加丰富。

CMYK 0 0 0 0

CMYK 79 72 49 9

CMYK 69 84 89 62

CMYK 62 47 37 0

吊顶的颜色为纯白色，部分沙发和地毯的色彩为旧白色，同一色相的纯度变化，形成配色的层次感。

暗浊色调的蓝色运用在窗帘和沙发的部分配色中，形成知性、高雅的配色印象。

淡色调的蓝色运用在抱枕等软装上，与暗浊色调的窗帘形成既统一，又有变化的配色。

将棕色运用在茶几和边几等家具中，起到稳定空间配色的作用。

CMYK
0 0 0 0

CMYK
91 88 72 63

CMYK
26 42 70 0

CMYK
64 56 33 0

CMYK
75 73 68 36

白色与淡粉蓝色搭配，形成具有女性色彩的新古典配色。

书桌和地板的色彩为暗色调，形成了稳定的空间配色特征。

用金色作为家居中的点缀色，形成带有奢华感的配色印象。

CMYK
0 0 0 0

CMYK
58 83 100 44

CMYK
13 16 35 0

CMYK
11 91 92 0

白色的吊顶作为空间中的搭配用色，形成低重心配色。

大面积的大地色系作为空间主色，形成稳定且具有厚重感的配色印象。

少量高明度的红色作为点缀色，既与空间主色在色相上形成统一，又为空间注入了别样生机。

米黄色系的背景墙及沙发与白色一样，起到提亮空间配色的作用。

配色简洁，体现空间纯净感的 **北欧风格**

配色要点：

①北欧风格源自于欧洲北部的挪威、丹麦、冰岛等国家，这些地区基本没有污染，非常纯净，这一特点也体现在家居风格的配色上。

②黑色与白色是最经典的北欧风色彩，配以天然的木质材料，即使色彩少也不会觉得乏味。

③在黑白组合中加入灰色，能够实现明度渐变，使整体配色的层次更丰富，也显得更为朴素。

④除了黑白色，常用浊色调的蓝色、绿色，以及稍微明亮的黄色作为空间的点缀色。

干净、明朗的配色

北欧风格的居室完全不用纹样和图案装饰，只用线条、色块来区分。色彩的使用非常朴素，给人以干净的视觉效果。由于材料多为自然类（最常见的为木材），其材料本身所具有的柔和色彩，代表着独特的北欧风格，能展现出一种清新的原始之美。

◀棕色与白色搭配做主色，具有雅致感和亲切感

北欧风格代表**配色速查**

白色系

通常大面积运用白色，黑色作为点缀

与白色+黑色相比，白色+灰色的组合，既能体现简约感，对比感上又有所减弱

两色既可等比使用，也可利用蓝色作空间跳色；另外，最好选用纯度较高的蓝色系

其他

一般顶、墙面用白色，家具和地板用原木色，体现空间的温润质感

浊色调或微浊色调绿色与白色或灰色组合，可以塑造出具有清新感的氛围

黄色是北欧风格中可适当使用的最明亮的暖色，可为空间增添一丝明媚

配色技巧

使用中性色进行柔和过渡

用黑色、白色、灰色营造强烈效果的同时，要用稳定空间的元素打破视觉膨胀感，如用素色家具或中性色软装来压制。

用软装活跃空间色彩

沙发尽量选择灰色、蓝色或黑色的布艺产品，其他家具选择原木或棕色木质，再点缀带有花纹的黑白色抱枕或地毯。

擅用几何纹理或植物图案的装饰

在不改变整体设计理念的情况下，可以对设计元素做一些改变，如适当加入素雅纹理或绿植图案的抱枕、地毯、装饰画等。

▲素净的白墙搭配灰色的沙发以及浅木色的边几，表现出北欧风素净、简约的感觉，蓝绿色和黑色增添层次感

色彩**搭配秘笈**

color collocational tips

白色系

CMYK 0 0 0 0

CMYK 68 69 67 28

CMYK 72 47 100 8

CMYK 56 72 85 23

CMYK 24 22 26 0

灰色是无色系中最为丰富的一种色彩，不同纯度的灰色搭配就会显得非常高雅。搭配棕色系的木地板，更能表现出素洁、自然的氛围。

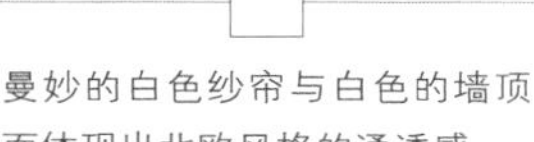

曼妙的白色纱帘与白色的墙顶面体现出北欧风格的通透感。

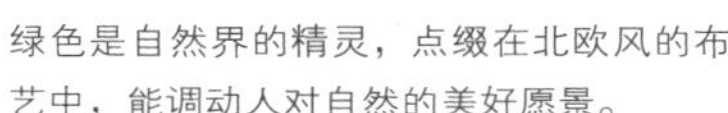

绿色是自然界的精灵，点缀在北欧风的布艺中，能调动人对自然的美好愿景。

CMYK 47 38 31 0

CMYK 0 0 0 100

CMYK 0 0 0 0

CMYK 59 35 72 0

白色系为主的客厅配色提高了空间的明亮度，搭配典雅的灰色调，充分演绎出都市的明快感。

黑色的灯具作为空间的重色调，令空间不会过于平淡。

高低错落的绿色植物展现出一种朴素、清新的原始之美。

CMYK 58 49 47 0
CMYK 0 0 0 0
CMYK 61 76 79 35
CMYK 71 57 95 25

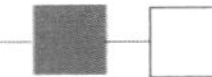

白色 + 灰色可以呈现出独特的雅致美感，比传统的黑白对比要更细腻、柔和一些。

棕色的实木家具以古朴的形态出现，为客厅增添古典气息。

随处可见的绿色植物是北欧风客厅的最美装饰品。

CMYK 0 0 0 0
CMYK 9 11 58 0
CMYK 40 35 24 0
CMYK 65 39 66 0

未经雕琢的白色墙面为空间奠定整洁素雅的基调。

以深浅不同的灰色做背景色和主角色，塑造具有简约典雅感的整体氛围。

为了避免空间过于冷硬，加入了不同纯度的绿色和黄色饰品来调节气氛。

其他配色

CMYK 0 0 0 0

CMYK 30 0 10 0

CMYK 47 51 62 0

CMYK 80 64 71 34

以白色为主色，搭配一些低调的淡蓝色及原木色，展现出时尚而又具有人情味的空间。

橄榄绿的小饰品与淡蓝色的沙发搭配能够增添空间的色彩层次。

CMYK 0 0 0 0

CMYK 33 29 30 0

CMYK 89 74 62 32

CMYK 78 63 39 0

CMYK 44 100 95 12

CMYK 81 72 77 52

白色和灰色作为空间的背景色，奠定了北欧风格的素雅格调。

窗帘和沙发作为空间主要的布艺，采用了不同明度的蓝色，使配色充满变化。

红色和黑色作为点缀色出现，纯正的色调使空间的配色层次更加丰富。

CMYK
0 0 0 0

CMYK
79 74 67 39

CMYK
65 65 66 18

CMYK
18 13 77 0

白色的砖墙是北欧风经常用到的元素，可以令空间显得时尚而文雅。

棕色的胡桃木地板犹如广阔的大地，把北欧风的厚重气息呈现出来。

黄色的餐椅与黑色的餐桌传递出强烈的色系层次，加上灰色不锈钢的融入，使空间纯净而具典雅感。

白色系的墙面与纯白的橱柜打造出宁静祥和之感。

浅褐色系的哑光木地板给人舒适、轻松的感觉。

黄色的简约座椅与绿色的布艺织物形成一道亮丽的风景线。

CMYK
0 0 0 0

CMYK
16 18 76 0

CMYK
40 40 42 0

CMYK
81 28 74 0

白色的墙面和吊灯搭配表现出了北欧风格清新、淡雅的一面。

粉色、黄色和蓝色的餐厅座椅以低纯度的色彩表现，可以增添空间的柔美感。

原木色是树木的原始色调，与清新的小绿植搭配，能令喧闹的都市呈现自然的唯美。

CMYK
0 0 0 0

CMYK
20 22 65 0

CMYK
31 44 56 0

CMYK
17 31 27 0

CMYK
45 18 29 0

CMYK
60 38 93 0

强调回归自然配色理念的
美式乡村风格

配色要点：

①美式风格以舒适、自由为导向，强调回归自然，配色多以大地色为主色，搭配蓝色、绿色、红色等色彩，给人自然、怀旧的感觉。

②除了大地色，还有一种源自美国国旗的配色方式，即蓝色相、白色相、红色相结合，色块穿插或直接使用美国国旗的条纹样式，其中红色系也常被棕色或褐色代替。

③很少使用过于鲜艳的颜色，即使是红色和绿色，色调也都靠近大地色。

④地面多采用橡木色、棕褐色，有肌理的复合地板。

质朴、天然的色彩搭配

美式乡村风格突出生活的舒适和自由，自然、怀旧、散发着浓郁泥土芬芳的色彩是美式乡村风格的典型特征。

家具则多取材于松木、枫木，不加雕饰，仍保有木材原始的纹理和质感，还刻意添上仿古和虫蛀的痕迹，创造出一种古朴的质感。颜色多仿旧漆，式样厚重。

▼大胆地使用砖红色和绿色撞色，搭配棕色的真皮沙发，色彩鲜明，又不乏自然气息

美式乡村风格代表**配色速查**

大地色系

以白色、米黄等浅色进行调节，具有历史感和厚重感

效果类似棕色系，给人沉稳大气的感觉，但厚重感有所降低

与前两种相比更清爽、素雅，具有质朴感

比邻配色

蓝色搭配类似色调的红色，兼具质朴感和活泼感

红色也可替代为棕色或褐色，具有浓郁的美式民族风情

最具活泼感的美式配色，两种颜色任何一种做背景色均可

配色技巧

▲纯色与花纹图案的布艺沙发，令美式乡村风格的居室更显天然韵味

用布艺图案丰富配色层次感

布艺是美式风格中非常重要的元素，多采用本色的棉麻材料，图案可以是繁复的花卉植物，也可以是鲜活的鸟虫鱼图案，可以丰富配色的层次感。

◀红砖材料壁炉诉说着无尽的质朴与温馨，搭配天然的棉麻沙发，令居室更显安逸

比邻配色的空间中最好使用红砖壁炉

当在比邻配色的美式空间中设置壁炉时，宜选择红砖材料来堆砌。

配色禁忌

避免运用过于鲜艳的色彩：在美式风格中，没有特别鲜艳的色彩，所以在进行配色时，尽量不要加入此类色彩，虽然有时会使用红色或绿色，但明度都与大地色系接近，寻求的是一种平稳中具有变化的感觉，鲜艳的色彩会破坏这种感觉。

色彩**搜配秘笈**

color collocational tips

大地色系

CMYK 56 81 85 33
CMYK 22 26 39 0
CMYK 0 0 0 0
CMYK 84 81 86 72
CMYK 62 38 95 0
CMYK 44 55 36 0

以不同明度的大地色系来装点客厅，可以反映出一种质朴而厚重的生活态度。

黑色大理石包边配以白色软包材质，令沙发背景墙呈现出一种开放、理性的氛围。

带有一点灰度的绿色更接近自然界中树木的本色，搭配粉色插花更具田园氛围。

CMYK 22 26 39 0
CMYK 66 90 91 63
CMYK 62 38 95 0
CMYK 47 73 100 11
CMYK 43 100 100 12

红色碎花布艺沙发与绿色植物的组合能够为客厅增添一些明快感。

以棕色的木质橱柜搭配米黄色的墙面，将美式乡村风格中的厚重感发挥得淋漓尽致。

保有木材原始的纹理和质感的深褐色茶几，在米黄色墙面的映衬下展现出美式风格的原始粗犷感。

CMYK
22 26 39 0

CMYK
47 73 100 11

CMYK
62 38 95 0

CMYK
66 90 91 63

CMYK
0 0 0 0

黄色系的实木吊顶以及墙面的造型酒架营造出悠闲、阳光的田园感。

深褐色的茶几具有一种沧桑感和质朴感，搭配米灰色系的布艺沙发，令空间尽显质朴、悠闲。

顶面的白色石膏板以及生机盎然的绿色植物，提升了空间的明度，同时塑造出了悠然的田园景象。

CMYK
28 30 36 0

CMYK
0 0 0 0

CMYK
73 80 86 62

CMYK
57 63 68 9

CMYK
62 38 95 0

浅褐色的家具与深褐色的地板如同辽阔的大地，彰显出美式风格的朴实厚重感，绿色的点缀品则像灵动的精灵，激发出大地的生机。

灰色的文化石与白色的木质古朴典雅，通过色彩与材质的不同，把客厅与门厅分隔开来。

比邻配色

CMYK
43 100 100 12

CMYK
83 65 50 8

CMYK
71 54 64 8

CMYK
0 0 0 0

CMYK
63 71 99 40

红色是喜庆的色彩，小面积使用可以增强空间的典雅时尚感。

降低纯度的绿色家具体现出乡村风格的天然质朴美感，搭配蓝色系的布艺，为空间带来了清新的感受。

褐色系是比较沉闷的颜色，单独使用会令空间沉闷，搭配白色的墙面与吊顶则能强化色彩层次，令空间质朴温馨。

CMYK
71 61 91 34

CMYK
72 81 92 63

CMYK
78 92 32 50

CMYK
53 45 46 0

CMYK
45 26 43 0

灰紫色的真皮沙发，塑造出平稳、安定的乡村感客厅空间。

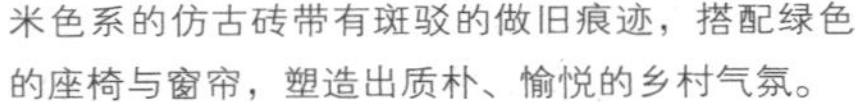

米色系的仿古砖带有斑驳的做旧痕迹，搭配绿色的座椅与窗帘，塑造出质朴、愉悦的乡村气氛。

墙面采用浅绿色的涂料搭配棕色系的实木，强烈的色彩对比，令墙面不再单调。

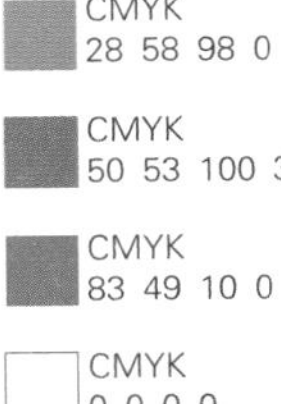

CMYK
28 58 98 0

CMYK
50 53 100 3

CMYK
83 49 10 0

CMYK
0 0 0 0

抛弃了奢华与烦琐，用具有特点的橙黄色、蓝色的比邻配色搭配，既简洁明快，又阳光舒适。

带有安稳色调的黄绿色橱柜搭配白色吊顶，中和了蓝色和橙色的强烈对比关系，令空间的色调更为统一。

CMYK	CMYK
0 0 0 0	93 84 46 12
43 100 100 12	56 85 100 39
62 38 95 0	

通过红色、蓝色、白色相间搭配的壁纸令视觉层次感丰富。搭配厚重的木质家具，打造出具有强烈美国特色的卧室。

红棕色的实木家具上摆放着生机勃勃的绿植，加上形象逼真的花鸟画，体现出带有灵动感的美式乡村风情。

CMYK
0 0 0 0

CMYK
45 69 75 5

CMYK
70 6 64 0

CMYK
36 30 25 0

CMYK
25 100 100 0

CMYK
42 12 8 0

红砖吊顶是空间中的点睛设计，非常具有创意；墙面和地面选择了无彩色系来搭配，避免了压抑感。

红色、绿色和蓝色作为空间中的点缀配色，这种比邻色系的运用，令空间极具美式特征。

从自然界中寻找配色灵感的
田园风格

配色要点：

①田园风格的种类并不单一，常见的有韩式田园、英式田园、法式田园等，不论源自于哪个国家，具有自然感的配色是其共同点。

②绿色和大地色是最具代表性的田园色彩，用任何一个做主要配色，延伸一些自然界中的常见颜色，都田园韵味十足。

③用绿色或大地色系搭配如黄色、紫色、蓝色、红色等色彩，搭配的色彩数量越多越具有春天的感觉，但需要注意主次，避免混乱。

④配色时要防止色彩过于靠近，导致层次不清，可在明度上做对比，如白色的器皿、透亮的绿色、蓝色玻璃是较为有效的选择。

亲切、回归自然的配色方式

田园风格的最大特点是崇尚自然，追求自然清新的气息。色彩从大自然中汲取灵感，以展现大自然永恒的魅力，其最主要的特征就是舒适感。

大面积家具采用的色彩或以浅色为主，米色、浅灰绿色、浅黄色、嫩粉色、天蓝色、浅紫色等，点缀黄色、绿色、粉色、蓝色等；或以原木色的棕色、茶色等为主，配色时可在明度上做对比区分层次。

▼唯美的田园小碎花搭配白色、绿色、黄色等自然色系，塑造带有温暖感、活泼感的田园氛围

田园风格代表**配色速查**

绿色系

搭配白色或蓝色，能够为田园氛围增添一些清爽的感觉

搭配米色、黄色等暖色系，能够塑造带有温暖感、活泼感的田园氛围

搭配粉色、紫色等女性色彩，能够塑造出带有梦幻感的田园氛围

大地色系

能够塑造出具有亲切感、浓郁自然韵味的田园氛围

将白色或浅黄色加入到大地色系为主的配色中，能够增加舒适感

使配色层次更加丰富，一般常出现在法式田园的配色中

配色技巧

擅用绿色系表达风格特征

绿色是田园风格中最能表达风格特征的色彩，擅用深浅不同的绿色系作为空间配色，可以塑造出具有生机感的家居空间。

▶ 绿色背景色和花鸟挂画融为一体，谱写出一片生机勃勃的景象

配色禁忌

避免黑色和灰色的大量出现：尽量避免黑色和灰色的大量出现，这类无彩色具有明显的都市感，在弱色调的组合中，很容易抢占注意力，使配色失去悠闲感。

不宜大面积使用冷色和艳丽暖色：不宜大面积使用冷色，特别是暗冷色，其给人的感觉过于冷峻，没有舒适感。艳丽的色彩，如橙色、红色等，同样不宜大面积地使用，可仅做点缀。

色彩**搭配秘笈**

color collocational tips

绿色系

CMYK 49 72 88 12
CMYK 22 19 17 0
CMYK 45 47 52 0
CMYK 37 25 40 0
CMYK 70 55 83 16
CMYK 24 81 24 0

白色吊顶和木色系地面，形成低重心配色，具有稳定感；浅灰色沙发与白色窗帘为空间营造出干净的配色环境。

墙面的浅绿色与空间中的深绿进行搭配，不同明度的绿色极具变化，也加深了空间的田园氛围。

玫红色系的点缀运用，起到丰富空间配色的作用。

CMYK 30 57 85 0
CMYK 26 19 42 0
CMYK 62 38 95 0
CMYK 12 16 83 0

米灰色的沙发温暖、舒适，搭配碎花图案壁纸，使人犹如置身于花园中。

用明亮的橙色饰面板搭配活力四射的绿色鹦鹉图，令空间动力十足。

采用黄色与绿色作为软装点缀色，塑造出具有明快感的悠然空间氛围，使人的心情变得愉悦、轻松。

CMYK 13 15 15 0

CMYK 33 26 24 0

CMYK 53 37 68 0

CMYK 49 43 55 0

CMYK 0 0 0 0

CMYK 38 80 36 0

淡雅的绿色用在墙面上，用餐厅中最大面积的界面来奠定田园的基调。

无色系的使用，使色彩主体的田园的、具有生机感的氛围更突出。

带有一点灰度的绿色更接近自然界中树木的本色，使空间更具田园氛围。

点缀一点浪漫的玫红色，使人心情愉悦。

CMYK
0 0 0 0

CMYK
32 17 37 0

CMYK
44 55 36 0

CMYK
38 76 90 55

白色属于无色系，可融合不同色系，运用到田园风格的墙面中可增强整体感。

绿色和粉红色源自于自然界中小草和花朵的色彩组合，即使包含了红色、绿色的对决型配色，也能同时降低纯度，令空间舒适、惬意。

绿植、花朵都离不开土地，在绿色、粉色为主的配色中，加入褐色的大地色，可以使空间更温馨、田园氛围更浓。

CMYK
0 0 0 0

CMYK
44 55 36 0

CMYK
35 20 35 0

CMYK
50 49 63 0

壁纸采用白色底纹搭配小巧精致的粉色小花，营造出一种小女生般的清新明快氛围。

以淡绿色为主的软装家具，搭配温和、天然的本木色，既具有舒适、悠然的田园氛围，又具有稳定感，使人能够感到安心、轻松。

大地色系

CMYK 32 17 37 0
CMYK 0 0 0 0
CMYK 50 25 30 0
CMYK 89 79 44 8
CMYK 56 66 79 16
CMYK 27 21 94 0
CMYK 43 100 100 12

涂刷成绿色的墙面与白色木质背景墙搭配，营造出轻松、惬意的田园氛围。

大地色系与绿色系为主的色彩组合加入深蓝的窗帘和浅蓝色的坐凳，令空间如同有了水的灵气。

蓝色、绿色的软装家具组合搭配黄色、红色的插花，能够给单一的印象增添丰富的层次感。

CMYK 0 0 0 0
CMYK 61 53 91 8
CMYK 50 25 33 0
CMYK 26 22 69 0
CMYK 50 60 91 6

白色系的吊顶简洁大方，结合实木造型，充分体现田园气息。

墙面的黄色壁纸带着阳光的炙热，配以绿色塑造出惬意、舒适的整体氛围，搭配花朵图案使人犹如置身于花园中。

黄色系的实木家具奠定了自然的基调加入了蓝色的布艺织物，为客厅在悠然的自然气息中增添了活泼和开放感。

黄色系的家具和墙面带有阳光的炙热，搭配白色淳朴造型的家具和吊顶，好像在诉说着无限的田园情怀。

橙红色的砖墙和台灯令空间更具暖意，仿佛把人带入温暖的港湾之中。

CMYK
16 55 80 0

CMYK
43 100 100 12

CMYK
0 0 0 0

CMYK
50 60 91 6

CMYK
22 20 33 0

CMYK
62 38 95 0

CMYK
32 100 100 7

CMYK
0 0 0 0

仿古砖本身就具有丰富的变化，大地色系的砖更是具有原野的豪放感，配以米色的地毯和沙发，使整体空间显得明快一些。

红色与白色相间的格子沙发，呈现出一派靓丽景象，把空间的整体氛围调动起来。

绿色象征着生机与活力，田园风格的居室中搭配一些绿色植物能够提升空间的自然韵味。

色彩组合纯美、奔放的 **地中海风格**

配色要点：

①地中海风格的家居具有亲和力和田园风情，色彩组合纯美、奔放，色彩丰富、明亮、大胆。

②最常见的地中海配色是蓝色和大地色、蓝色与白色的组合，源自于希腊海域；大地色具有浩瀚感和亲切感，源自于北非地中海海域。

③除常见色彩外，还有一些扩展色彩，如阳光般的黄色、树木的绿色、花朵的红色等。

④灯具多为黑色或大地色的做旧处理铁艺；布料的色彩多为低彩度。

▼运用大量白色和蓝色形成经典的地中海风格配色，令空间具有仿佛海风吹过的痕迹

纯美、自由的配色方案

地中海风格的家居给人的感觉犹如浪漫的地中海海域一样，充满着自由、纯美的气息。色彩设计从地中海流域的特点中取色，因此，配色往往不需要太多的技巧，只要以简单的心态，捕捉光线、取材大自然，大胆而自由地运用色彩、样式即可。

地中海风格代表**配色速查**

蓝色系

最经典的地中海风格配色，效果清新、舒爽

高纯度黄色与蓝色或蓝紫色系搭配，具有活泼感和阳光感

通常融入白色，具有清新、自然的效果，融合田园与地中海风情

土黄、红褐色系

典型的北非地域配色，给人热烈的感觉，犹如阳光照射的沙漠

土黄多用于地面，红褐色系常依托于木质表现，氛围舒适、轻松

彩色常见为蓝色、红色、绿色、黄色等，以配角色或点缀色出现

配色技巧

▲ 带有帆船图案的壁纸，增加了空间的风格特征，也令空间配色更具层次感

搭配使用海洋元素

可搭配一些海洋元素的壁纸或布艺，例如，帆船、船锚等，来增强风格特点，使主题更突出。需要注意的是，带图案的材质颜色宜清新一些。

◀ 空间中各式小型绿植的运用，加深了地中海风格的特质

擅用绿植做点缀色

绿植在地中海风格中较为常用，可以作为点缀色出现；其中以小巧的绿色盆栽最为常见，大型盆栽则很少使用。

色彩**搭配秘笈**

color collocational tips

蓝色系

CMYK 0 0 0 0

CMYK 68 56 50 0

CMYK 94 80 36 2

CMYK 77 28 18 0

CMYK 0 93 64 0

CMYK 76 45 91 5

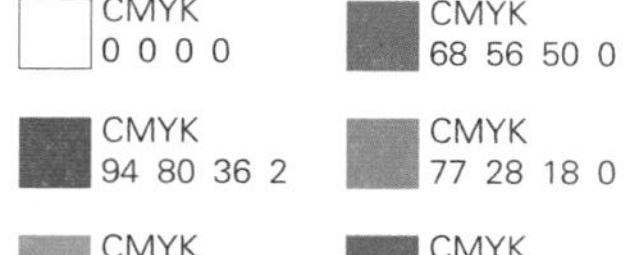

无彩色系的白色和灰色作为空间中的背景色，形成宽敞感的家居氛围。

暗浊色的蓝色作为主角色，与背景色中的白色一起，形成了经典的地中海风格的配色。

纯度相对较高的蓝色、红色、绿色三色作为空间中的点缀色，清爽中不失活力。

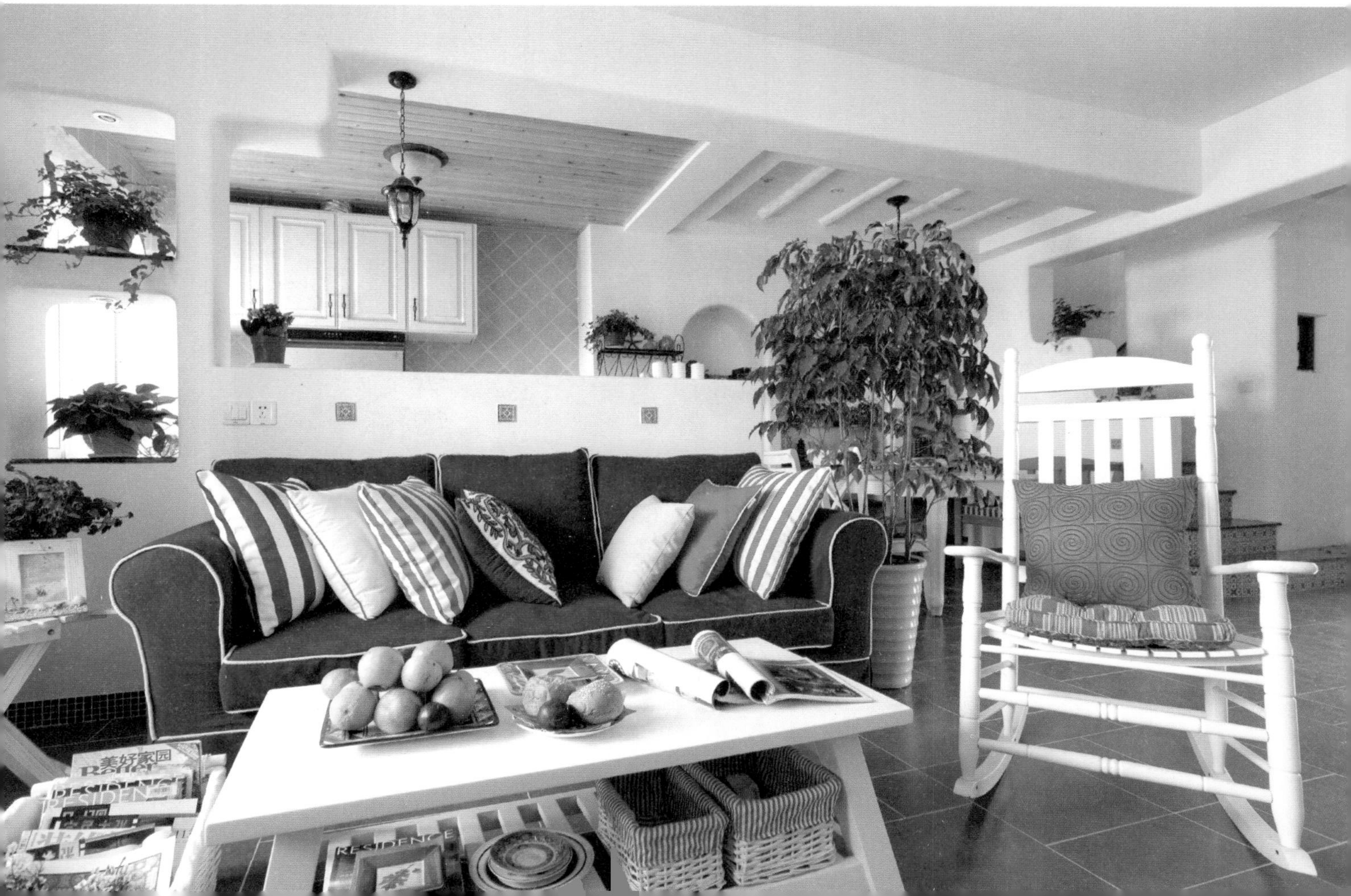

CMYK	CMYK
17 0 80 0	82 61 41 0
0 0 0 0	56 68 100 22
38 46 79 0	

白色运用在吊顶和家具上，提升了空间的明亮度。

蓝色搭配黄色使用，形成典型的地中海风格配色，充满明媚、畅快的味道。

棕黄色系运用在餐桌椅和地面，与黄色的墙面一起为空间增加了暖度。

CMYK	CMYK
0 0 0 0	89 67 0 0
49 56 61 0	75 32 100 0
0 63 92 0	21 29 67 0

棕色系的地面和家具，起到稳定空间配色的作用，其材质则为空间注入了自然气息。

白色和蓝色的搭配形成干净、畅快的地中海配色。

绿色与橙色形成互补型配色，为空间带来活力，形成开放型的配色特征。

少量纯度略低的黄色作为榻榻米表面的配色，令空间配色更加柔和。

CMYK 0 0 0 0
CMYK 11 25 91 0
CMYK 88 60 0 0
CMYK 49 47 36 0
CMYK 66 82 65 32
CMYK 60 0 100 0

高纯度的白色令空间显得干净而宽敞。

纯度较高的黄色和蓝色形成互补型配色，给人华丽、强烈的配色印象。

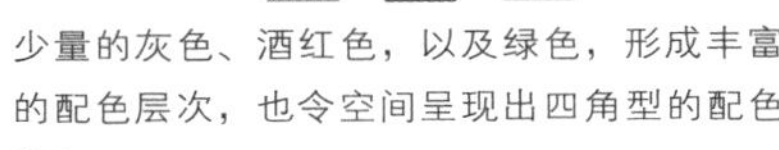

少量的灰色、酒红色，以及绿色，形成丰富的配色层次，也令空间呈现出四角型的配色特征。

CMYK 0 0 0 0
CMYK 64 33 36 0
CMYK 93 82 64 45
CMYK 66 78 79 46

浅蓝的墙面和深蓝的窗帘、睡床为近似型配色，既有丰富配色的作用，又不显杂乱。

白色在空间中起到协调作用，既不会破坏整体空间的清爽感，又令空间配色多样化。

深棕色为空间中较重的色彩，用于地面，使空间配色具有稳定性。

土黄、红褐色系

CMYK 0 0 0 0

CMYK 38 42 47 0

CMYK 56 83 96 37

CMYK 77 51 94 14

CMYK 61 31 21 0

白色和不同色调的米灰色成为空间中的背景色和主角色，形成素雅的地中海风格。

棕色系在空间中少量运用，有稳定空间配色的作用。

绿色和蓝色的点缀使用，体现出地中海风情的清爽基调。

CMYK 0 0 0 0

CMYK 40 37 65 0

CMYK 45 38 41 0

CMYK 90 82 43 7

CMYK 42 60 82 0

CMYK 84 54 100 23

CMYK 54 83 86 31

白色吊顶和浅黄色墙面形成柔和、雅致的配色印象。

米灰色的沙发为空间中的主角色，与柔和的主色调相吻合。

不同纯度的蓝色，形成丰富的配色层次，也彰显出风格特征。

木色的楼梯，起到提升空间温暖度的作用。

浊色系的红色和绿色在空间中点缀运用，形成开放型的空间配色。

CMYK
0 0 0 0

CMYK
21 20 36 0

CMYK
72 53 25 0

CMYK
77 76 82 58

CMYK
43 64 89 3

白色和米黄色作为空间中的背景色，形成素雅的地中海风格。

蓝色沙发和擦漆做旧的家具形成非常浓郁的地中海风格。

少量黑色家具的搭配使用，使空间配色更加稳定。

黄棕色系的仿古砖和茶几台面，为空间配色增加了暖度。

CMYK
0 0 0 0

CMYK
58 69 74 18

CMYK
55 52 83 4

CMYK
57 69 100 24

白色的吊顶、墙面与仿古地砖形成低重心配色，干净、宽敞中不失稳定感。

褐色系在门框和吊顶的点缀使用，与地面色彩形成呼应。

明浊色系的绿色用在家具中，为空间注入带有自然感的地中海风情。

THRILL.
THRILLER MOVIE
GUN BULLET
Pistol
Glasses
Actor
CAFE - BAR
Best Actor
Movie
Cinema
Adventure
Saturday 18h45 PM
SPORT
CITY CAR
Exit 7
Highway
800 m
E - BAR
PUB
LOVE
C'est la vie!
JONATHAN ADLER

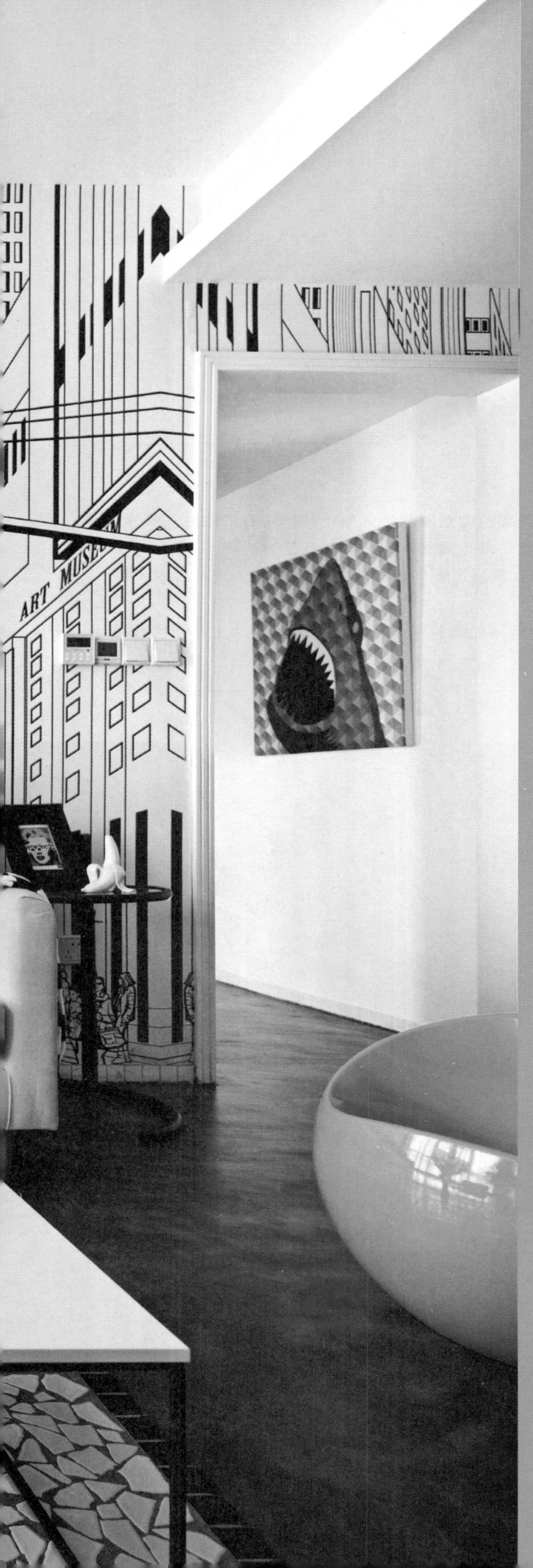

第三节

包豪斯学派衍生出的家居风格

所谓“包豪斯风格”实际上是人们对现代主义风格的另一种称呼，它主张把建筑、美术、工艺等按照现代美学原则进行结合。在家居风格中，它更加强调功能性与实用性，在配色方面则较为多元化，既可以表现出以无色系为主的极简配色，也可以用对比配色来体现时尚感。

大胆追求配色效果反差的现代风格 / 196

以黑、白、灰为主色的简约风格 / 204

大胆追求配色效果反差的
现代风格

配色要点：

①现代前卫风格张扬个性、凸显自我，色彩设计极其大胆，追求鲜明的效果反差，具有浓郁的艺术感。

②色彩搭配总结为两类，一种以黑、白、灰为主色；另一种是具有对比效果的搭配方式。

③若追求冷酷和个性的家居氛围，可全部使用黑、白、灰进行配色。如根据居室面积，选择其中一种色彩做背景色，另外两种搭配使用。

④若喜欢华丽、另类的家居氛围，可采用强烈的对比色，如红配绿、蓝配黄等配色，且让这些色彩出现在主要位置，如墙面、大型家具上。

▼以红、黄、蓝三原色作为软装主色，可以彰显出空间的时尚与个性

色彩搭配灵活、多变

现代风格的家居在色彩搭配上较为灵活，既可以将色彩简化到最低程度，又可以用饱和度较高的色彩做跳色。除此之外，还可以使用强烈的对比色彩。

现代风格代表**配色速查**

无色系

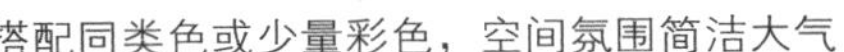
搭配同类色或少量彩色，空间氛围简洁大气

搭配同类色或少量彩色，具有神秘感和沉稳感

搭配同类色或少量彩色，最具时尚感和雅致感

对比配色

用无色系调节，具有强烈冲击力，配以玻璃、金属材料效果更佳

用无色系调节，是最活泼、开放的配色方式；使用纯色张力最强

用色调差产生对比，比起前两种对比较缓和，具有冲击力但不激烈

配色技巧

▲以白色的沙发做主色，黑色的墙面做背景色，令空间对比明显，成功凸显现代风格的张力

无彩色搭配需注意比例

选择一种无彩色为背景色，与另外的无彩色搭配使用，最佳比例为 80%~90% 白 +10%~20% 黑；60% 黑 +20% 白 +20% 灰。

擅用材料色彩体现现代特征

镜面和金属是现代风格中的常用建材，可与整体色彩融合设计。如选择茶镜作为墙面装饰，既符合配色要点，又可以通过其材质提升现代氛围。

配色禁忌

高纯度色彩要避免带来刺激感：高纯度色彩虽然亮丽，但如果在空间中运用不当，会使人感觉过于刺激，最保险的做法为将其运用在软装上。

色彩**搭配秘笈**

color collocational tips

无色系

CMYK 0 0 0 0

CMYK 0 0 0 15

CMYK 0 0 0 100

CMYK 49 44 53 0

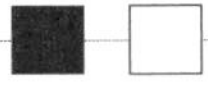

在黑、白、灰为主的搭配中加入自然暖色调的木质背景墙，其天然的纹理和时尚的造型，可帮助打造舒适的现代风格。

以黑色和白色作为主色调的沙发具有鲜明的色彩反差，从而凸显出现代风格张扬个性、大胆前卫的设计效果。

用银灰色的地毯与白色的布艺沙发搭配，加以晶莹剔透的玻璃制品，使客厅前卫中带有一丝高贵。

CMYK 91 88 87 78

CMYK 0 0 0 0

CMYK 37 90 100 7

CMYK 32 69 98 16

CMYK 42 48 54 0

CMYK 58 73 92 30

用黑镜作为沙发背景墙不会显得过于阴郁、沉闷，还能增添时尚感。搭配白色的沙发和座椅，令空间时尚而个性。

墙面用橙色来搭配黑色，通过两者的对比能够在现代时尚的氛围中增加一些激烈、火热的感觉。

米色的玻化砖干净清透，衬托出金色地毯的高贵、华丽。

红棕色的地板把餐厅和客厅做了很好的区分。

CMYK	CMYK
84 80 84 69	65 57 55 5
0 0 0 0	53 56 70 5
79 59 47 0	0 49 41 0
41 58 23 0	

白色在软装的面积上占据非常少，其穿插在灰色大理石和黑色造型柜中使空间的层次更为清晰，避免了沉闷感、单调感。

暗黄色的木地板把空间的温暖气息调动起来。

橘粉色茶几、墨蓝色沙发、紫色抱枕的使用是点睛之笔，使无色系的配色有了跳跃感，比起单独的黑白灰搭配更独特。

CMYK
0 0 0 0
0 0 0 15
0 96 72 0
0 0 0 65
5 58 65 0
47 24 87 0

白色的墙面和顶面令呈现出干净通透的空间。

浅灰色的木质背景墙与深灰色的沙发令空间整体统一。

橙色、红色和绿色的布艺织物为空间增添了活力气息。

对比配色

CMYK 20 28 90 0
CMYK 89 85 40 5
CMYK 0 0 0 0
CMYK 34 30 33 0
CMYK 0 0 0 100

蓝色和黄色两组对比色以背景色和点缀色的形式分别出现，加以造型奇特的装饰椅，空间设计前卫、个性，让人心情舒畅。

黄色与白色搭配组合的背景色，提升了空间的明度。

灰色调的沙发搭配黄色和黑色的抱枕，虽色彩对比明显，却又不会感觉凌乱。

CMYK 0 0 20 0
CMYK 12 95 95 0
CMYK 88 65 0 0
CMYK 37 27 18 0
CMYK 12 46 95 0
CMYK 80 34 23 0

挂画的色彩艳丽，所以背景色宜用淡雅的象牙白调来衬托。

以红色和蓝色为主色调的挂画形态怪诞，颜色亮丽，可以很好地突出现代前卫的气息。

蓝色抱枕与蓝灰色的沙发搭配显得冷峻，但经过黄色的冲击后，便有了开放感，不再显得封闭。

CMYK 0 98 74 0

CMYK 97 68 0 0

CMYK 13 14 94 0

CMYK 0 0 0 0

CMYK 100 53 98 25

以蓝色的沙发为软装主角色，红色和绿色的座椅为配角色，装饰效果活泼、靓丽。

黄色是明度很高的色彩，大面积使用容易让人感觉烦闷，而作为点缀色则能很好地营造出空间的动感。

白色是百搭的色彩，能令色相不同的软装很好地贯穿、融合。

CMYK
32 93 52 0

CMYK
0 0 0 0

CMYK
91 88 87 78

具有柔美特征的玫红色将客厅转换为梦幻的城堡，玫红色与白色穿插的搭配方式增加了甜美气息。

黑色家具和饰品的运用是空间的点睛之笔，化解了空间的甜腻感。

CMYK
70 63 59 11

CMYK
8 6 72 0

CMYK
62 48 79 3

CMYK
45 78 57 0

CMYK
78 42 27 0

将不同明度的灰色运用在墙面和沙发上，打造出别具一格的配色效果。

宝石红的地毯在大面积灰色中十分亮眼，化解了大面积灰色带来的压抑感。

黄色、蓝色和绿色的点缀运用，彰显出现代风格居室的时尚感。

以黑、白、灰为主色的
简约风格

配色要点：

①简约风格的精髓是简约而不简单，配色也遵循风格特点，多采用黑、白、灰为主色，以简胜繁。
②简约风格中的白色更为常见，白顶、白墙清净又可与任何色彩的软装搭配。
③若想呈现活泼的居室氛围，可以在无色系的背景色下，使用一些彩色色相进行组合。
④大方的配色方式还要组合简约、利落的造型，如果造型和装饰过于复杂，也会失去简约风格的特点。

▼以暖黄色的实木材质作为软装的主色调，绿色的布艺织物为配角色，营造出清新、素雅的氛围

造型简约，就要用配色突出

简约风格的特点是简洁明快，将设计元素简化到最少程度，但对色彩、材质的选用要求非常高。简约风格的理念是“简约而不简单”，这一诉求在配色设计上体现在对细节的把握，不仅整体配色要美观、大方，每一个局部的配色，都要深思熟虑。其最大的特点是同色、不同材质的重叠使用。

简约风格代表**配色速查**

无色系+彩色

无色系+暖色系

搭配高纯度暖色具有靓丽、热烈的氛围，搭配浅色具有温馨感

无色系+冷色系

搭配高纯度冷色具有清爽、冷静的效果，搭配浅色具有清新感

无色系+对比色

搭配一对或几对对比色能够活跃居室氛围

无色系

白色

白色为主的配色可扩大空间感，同时营造纯净、简洁的氛围

灰色

灰色为主的配色在无色系中最具层次感，可令居室具有都市感和高雅氛围

黑色

黑色为主的配色可塑造出神秘、肃穆的氛围

配色技巧

▲灰色的条纹壁纸可以令视觉得以延伸，彰显出空间的个性

用图案强化个性

若觉得平面的黑、白、灰略显单调，可利用图案增加变化，如将黑白两色涂刷成条纹形状，再搭配少量高彩度色彩做点缀，仍是无色系为主角，但却体现出个性。

配色禁忌

黑色不适合小空间大面积使用：黑色具有神秘感，但大面积使用容易使人感觉阴郁、冷漠，因此不适合用于小面积的家居空间。在简约风格的设计中，黑色可以做跳色使用，如以单面墙或主要家具来呈现。

色彩**搭配秘笈**

color collocational tips

无色系 + 彩色

CMYK
0 0 0 0

CMYK
37 36 39 0

CMYK
18 15 17 0

CMYK
33 26 69 0

CMYK
38 64 81 2

爵士白的大理石纹理自然美观，搭配白漆电视柜，使空间呈现出整洁的容颜。

米白色的布艺沙发柔和素雅，搭配灰黄相间的地毯，令客厅兼具层次感和统一感。

绿色和橙色的点缀使无色系的配色有了跳跃感，比起单独的灰色和白色搭配更独特。

CMYK
0 0 0 0

CMYK
73 62 79 31

CMYK
60 68 70 18

客厅中的配色非常简约、干净，白色系的背景色搭配少量绿色、咖啡色，增添了生活气息。

咖啡色的实木电视柜与绿色的座椅、布艺织物形成很好的视觉反差，令人联想到厚实的大地和生机勃勃的小草。

CMYK 27 18 16 0

CMYK 84 77 75 56

CMYK 53 70 97 15

CMYK 64 54 77 10

CMYK 60 30 13 0

大面积的灰色用于卧室墙面会觉得层次略单薄，地面采用清新的绿色系，丰富层次感的同时也不会有太活跃的感觉。

黑色床品单独使用会令空间压抑，搭配色彩明艳的实木床，则体现出独特的厚重感舒适感。

蓝色是大自然的颜色，以小面积的蓝色点缀其中会令空间更显清爽。

CMYK 35 45 52 0

CMYK 0 0 0 0

CMYK 47 35 29 0

CMYK 85 35 32 0

CMYK 46 53 10 0

CMYK 14 28 86 0

黄色的木地板上演绎天然情调，与白色乳胶漆搭配，表现简约的主题。

蓝色主沙发穿插大花的紫色沙发和明黄色的抱枕，令空间动感十足。

灰色调地毯演绎出简约风格的典雅风尚。

无色系

CMYK
56 64 75 15

CMYK
0 0 0 0

CMYK
87 84 84 73

CMYK
29 27 27 0

大面积的白色以丰富的造型形式出现，点缀以黑色的家具，在色彩上形成了激烈的碰撞，体现出“简约而不简单”的精髓。

棕色的真皮沙发搭配米色的地毯，形成浓郁的都市氛围，给人舒适、温馨的感觉。

CMYK
0 0 0 0

CMYK
21 22 32 0

CMYK
19 12 10 0

CMYK
70 57 49 2

CMYK
89 86 85 76

白色与浅木色搭配的墙面，淡雅、简约。

不同明度的灰色用在地面、沙发，以及抱枕上，与空间干净的配色十分吻合。

少量黑色运用在茶几配色上，令空间色彩有了重心点，使空间配色不至于过于轻飘。

CMYK 47 47 47 0

CMYK 72 69 69 30

CMYK 27 22 18 0

CMYK 0 0 0 0

茶色和棕色为同色系，在地面和墙面中使用可以塑造出细腻、清新的简约氛围。

白色运用过多会令人感到冷冽，淡雅的暖灰色调沙发则令人感到亲切、舒适。

CMYK
70 69 65 24

CMYK
30 43 54 0

CMYK
0 0 0 0

CMYK
52 21 85 0

暗棕色系不适宜全部铺满墙面，以不规则的展示架来调节可令空间更具动感，顶面则用极简的白色系衬托，令空间不显沉闷。

低调的棕色系实木地板，展现出时尚而又具有人情味的空间。

绿色座椅活跃了空间的整体氛围。

CMYK
0 0 0 0

CMYK
63 63 61 15

CMYK
43 45 46 0

CMYK
85 57 27 0

空间采用的灰色墙面搭配白色系的吊顶，比传统的黑白灰结合更为自然。

棕色系的沙发以简洁的造型为空间增添简约气息。蓝色的油画人物造型则为空间平添活力。

第五章

寻找适合自己的家居配色卡

第一节

成年人居室配色

由于成年人有着自己独立的思维与审美，在进行家居配色时，往往希望将自己的喜好在家居设计中进行体现。因此，进行配色设计时，在保证整体配色不出偏差的情况下，要尽量充分实现居住者的想法，以及吻合居住者的个性。

体现冷峻感及力量感的男性空间配色 / 214

根据性格特征进行变化的女士空间配色 / 222

体现亲近、舒适感的老人房配色 / 230

体现冷峻感及力量感的
男性空间配色

配色要点：

①具有冷峻感和力量感的色彩能够代表男性，如蓝色、灰色、黑色或暗调及浊调的暖色系。

②蓝色与灰色是表现男性气质不可缺少的色彩，若加入白色，则显得更为明快、整洁。

③黑、白、灰组合塑造出的男性特点具有时尚感，若黑色为主角色则更为严谨、坚实。

④用暖色表现男性特点，一定要选择暗色调或者浊色调，例如，深棕色。想要塑造绅士感，可以在组合中加入少量蓝色或灰色。

⑤暗色调或者浊色调的中性色，包括紫色、绿色，同样可以展现男性气质。

▼不同明度的蓝色作为空间中的主色，展现出男性空间理性的气质

男性色彩需体现阳刚、力量感

男性给人的印象是阳刚、有力量感，为单身男性的居住空间设计配色应表现出此种特征，可以依靠蓝色或者黑、灰等无色系组合表现男性理智的一面。

单身男士代表**配色速查**

冷峻感

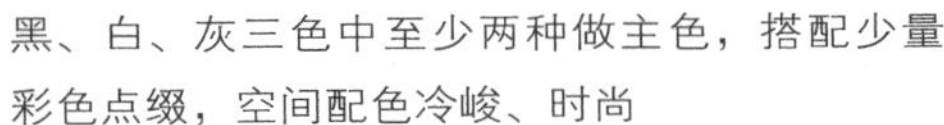

黑、白、灰三色中至少两种做主色，搭配少量彩色点缀，空间配色冷峻、时尚

以蓝色系为主角色或背景色，搭配无色系或少量彩色，效果冷峻、坚毅

搭配无色系，绿色做主角色或背景色多用暗色系，亮色多做点缀

厚重感

棕色、褐色、土黄色等，做主角色或背景色，搭配无色系或冷色系

表现男性特征的紫色，色调要暗沉一些，做背景色或主角色，搭配无色系或蓝色系

有色彩偏向的灰色（黄灰、灰绿、蓝灰等），搭配暗暖色，可表现男性特点

配色技巧

▲纯度较高的蓝色搭配棕色，体现出沉静的空间氛围；地图装饰画的加入，更加凸显出男性空间的气质

用色相组合与明度对比强化男性气质

将色相组合与明度对比结合，例如，蓝色组合棕色，蓝色选择与棕色明度相差多一些的色调，能够体现出既具理性又具坚实感的空间配色。

配色禁忌

避免过于柔美、艳丽的色彩：过于淡雅的暖色及中性色具有柔美感，不适合大面积用于男性居住空间的背景色中；鲜艳的粉色、红色具有女性特点，也应避免。

冷色、暖色同时使用应分清主次：以冷色为主色彰显男性气质时，若组合暖色，需注意控制两者比例，在角色地位上宜保证冷色的主角色地位，避免暖色超越，容易造成配色层次的混乱。

暗冷色用在墙面需注意面积：选择暗色调冷色表现男性特点且用在墙面时，需注意居室面积及采光，若面积小或采光不佳，不建议大面积使用，容易造成压抑感，浅色调冷色则无限制。

色彩**搭配秘笈**

color collocational tips

冷峻感

CMYK
0 0 0 0

CMYK
28 24 35 0

CMYK
89 78 27 0

CMYK
0 0 0 100

CMYK
41 63 100 7

白色作为空间中的主色，呈现出干净、素雅的男性空间。

米色的沙发为主角色，与白色搭配，尽显素雅情调。

暗蓝色做配角色，奠定了整体空间沉稳、冷静的基调。

黑色与土黄色在空间中点缀使用，其浊色的特质与配角色搭配协调。

CMYK 0 0 0 0

CMYK 96 78 27 0

CMYK 47 55 86 9

CMYK 57 50 56 0

CMYK 89 82 83 72

CMYK 31 24 91 0

白色吊顶是空间中纯度最高的色彩，起到提亮空间的作用。

灰色的沙发为空间中的主角色，黑色茶几为配角色，无色系的搭配，非常经典。

暗蓝色与土黄色为互补型配色，形成开放型空间配色，使冷静的男性空间透出一丝活泼。

选用纯度较高的黄色作为空间中的点缀色，使整体配色更加多样化。

CMYK 55 50 54 3

CMYK 58 45 98 8

CMYK 58 61 66 19

CMYK 38 58 89 5

CMYK 51 92 100 45

CMYK 46 29 18 0

CMYK 34 78 90 10

灰色的墙面与豆沙色的沙发属于同一色系，通过明度的变化丰富空间的配色层次。

木色的运用为带有男性气质的空间增添了温暖度。

果绿色的窗帘和深红色的单人沙发形成色相上的对比，形成引人注目的配色。

采用蓝色与棕色搭配的装饰画来点缀墙面，其中的蓝色具有提亮空间的作用。

CMYK 0 0 0 0
CMYK 63 58 60 6
CMYK 62 78 97 46
CMYK 61 52 90 7
CMYK 71 63 56 10
CMYK 90 86 82 73

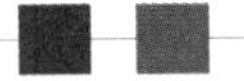

用无色系中的白色和灰色作为空间中的背景色和主角色，体现出男性空间的冷静气质。

背景墙运用棕色饰面板与蓝灰色墙砖塑造，营造出冷静中不失暖度的配色效果。

绿色坐凳是空间中最为靓丽的色彩，在整体沉稳的色彩中起到提亮配色的作用。

黑色茶几具有色彩上的稳定性，给人带来踏实感。

CMYK 0 0 0 0
CMYK 25 21 25 0
CMYK 24 38 44 0
CMYK 62 72 79 37
CMYK 66 63 66 20
CMYK 75 61 90 38

白色与灰色作为墙面配色，体现出素雅且具有都市感的男性空间。

不同明度的褐色系运用在地毯、座椅和书桌上，使空间的配色具有层次感与变化性。

在整体理性的配色中，加入绿植作为点缀，为空间注入了生机。

厚重感

CMYK 0 0 0 0

CMYK 60 90 99 59

CMYK 40 65 99 4

CMYK 74 83 90 63

沙发、墙面、顶面为白色，使带有力量感的男性空间给人以素洁的配色印象。

地板、茶几、座椅等部分，利用不同明度的棕色系来进行配色，营造出力量感和厚重感，也可以展现男性气质。

CMYK 0 0 0 0

CMYK 29 33 54 0

CMYK 66 74 35 0

CMYK 54 49 52 0

CMYK 84 80 80 67

顶面的白色与墙面的部分黑色形成色相上的对比，形成开放式配色效果。

柜体和地面均采用了花纹的木色，色相上的明度不同，充满了变化性。

暗浊色调的紫色用在沙发上，塑造出素雅、温和的色彩印象。

CMYK
0 0 0 0

CMYK
53 88 100 37

CMYK
52 70 82 16

CMYK
45 60 67 0

CMYK
60 62 60 11

CMYK
76 31 22 0

用少量纯度较高的蓝色作为点缀，使空间配色不显生硬。

空间中的顶面、部分墙面以及床品运用白色，利用无彩色表达男性空间的理性。

不同明度的棕色系塑造出沉静、干练的男性居住空间。

床品中的灰色花纹图案与白底同属无彩色，搭配和谐，体现雅致的空间氛围。

CMYK
0 0 0 0

CMYK
52 81 70 19

CMYK
49 68 92 15

CMYK
41 40 44 0

CMYK
38 27 25 3

CMYK
80 80 84 67

少量灰色和蓝色的床品同样起到丰富空间配色的作用。

白色的墙面上运用重金属色来装饰，且与睡床的色彩接近，形成沉稳的空间配色印象。

床头柜和部分床品运用黑色，与白色的背景形成对比，增加了配色层次。

酒红色的介入为原本沉稳的男性空间，带来了一丝活力。

根据性格特征进行变化的 **女士空间配色**

配色要点：

①糖果色即粉蓝色、粉绿色、柠檬黄、芥末绿等甜蜜的女性色彩，可以大胆使用，进行撞色设计，同时运用白色调和，令整个氛围既热情又不会过于刺激。

②无色系中的1～2种组合使用，并搭配具有女性特点的代表色，能够装饰出带有时尚感的女性空间。

③以略带浑浊感的粉色、紫色为中心，色相差小，此种同相色或近似色组合，感觉温馨、浪漫，能够展现成年女性优雅、感性的一面。

④选择一种女性代表色为背景色或主角色，再搭配与其成类似型的色彩作为配角色或点缀色，可以形成协调、柔和的家居环境。

▼桃粉色非常适合女性空间，可以营造出浪漫、唯美的空间特质

能表现女性特征的色彩

女性家居的配色，在色相使用上基本没有限制，黑色、蓝色、灰色也可应用，但需注意色调选择，避免深暗色调及强对比。另外，红色、粉色、紫色这类具有强烈女性特征色彩在家居空间中运用广泛，同样应注意色相不宜过于暗淡、深重。

单身女士代表**配色速查**

红色、粉红色系

搭配无色系能够在女性的妩媚感中增添时尚感，强化配色张力

搭配高明度的彩色能够展现甜美、浪漫的感觉，用白色调和更显梦幻

淡浊色如米灰色、浅黄灰色、浅灰绿色等，能够增加空间配色的高雅感

紫色系、蓝色系

紫色系搭配白色显得清爽、浪漫，避免甜腻感过浓

搭配高明度彩色，空间配色更显唯美

搭配淡浊色可以强化高雅感觉

配色技巧

▲粉蓝色的窗帘和床品既营造出女性特质的空间，又带有清新感

浅色系搭配适合小空间

用淡蓝色、米色组合白色，温馨中糅合清新，非常适合小户型。蓝色调宜爽朗、清透，深色调的蓝色仅可用在地毯或花瓶等装饰上，不可占据视线中心点。

配色禁忌

避免大面积暗沉冷色：虽然可用冷色表现女性特点，但要避免大面积使用暗沉冷色，这类配色可做点缀色，或用在地毯等地面装饰上。

使用暗暖色避免色相强对比：暗色系暖色具有复古感，运用时要避免与纯色调或暗色调的冷色同时大面积使用，容易产生强对比感，安全的方式是组合色相相近的淡色调。

色彩**搭配秘笈**

color collocational tips

红色、粉红色系

CMYK
21 73 53 0

CMYK
0 0 0 0

CMYK
31 32 42 0

CMYK
59 33 87 3

背景色为大面积的白色，搭配上纯正的红色，明快而又具有女性特质。

纯麻地毯的色调带有暖意，为女性空间注入温馨感。

在以红白色为主的空间中加入绿色点缀，色相的对比非常抢人眼目。

CMYK
10 8 9 0

CMYK
59 70 69 15

CMYK
37 58 39 0

CMYK
21 51 48 0

CMYK
26 22 22 0

灰白色的沙发作为空间中的主角色营造出素雅的配色印象。

棕色地板的运用为空间增加了稳定感。

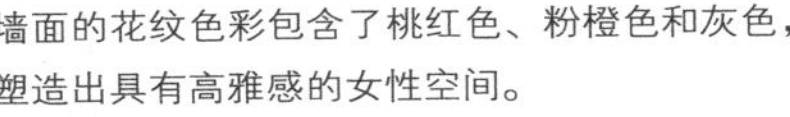

墙面的花纹色彩包含了桃红色、粉橙色和灰色，塑造出具有高雅感的女性空间。

CMYK
23 80 0 0

CMYK
18 17 93 0

CMYK
82 50 38 0

CMYK
0 0 0 0

CMYK
91 88 82 75

CMYK
85 0 19 0

墙面运用三原色中的近似色彩，形成稳定的三角型配色，具有平衡感、舒畅感。

无彩色系中黑白对比，具有视觉冲击力，与三角型配色搭配，不会喧宾夺主。

明度较高的蓝色作为点缀色，与墙面的蓝色既有统一感，又具变化性。

CMYK
0 0 0 0

CMYK
42 100 100 10

CMYK
27 11 72 0

白色作为空间中的主色，使空间干净而明亮。

利用饱和度较高的红色和黄色装点厨房，形成靓丽、时尚的餐厅氛围。

CMYK 0 0 0 0

CMYK 22 86 4 0

CMYK 56 83 96 39

CMYK 12 25 100 0

将白色运用在顶面、部分墙面，以及床品上，令原本明亮的空间显得更加宽敞。

高纯度的玫红色作为卧室背景墙的配色，体现出浓郁的女性特质。

棕色系的地板增加了空间配色的稳定性，实木复合地板的材质则令空间具有了温暖感。

纯度较高的黄色与玫红色形成近似型配色，配色层次鲜明。

紫色系、蓝色系

CMYK 0 0 0 0

CMYK 65 27 46 0

CMYK 19 90 61 0

白色作为背景色，搭配粉蓝、橘粉亮色，呈现出干练、清爽的女性特点。

用明色调的橘粉与粉蓝形成弱对比的色彩组合，配色鲜明而又具有活跃感。

CMYK 0 0 0 0

CMYK 54 47 18 0

CMYK 55 66 84 16

CMYK 53 53 62 4

白色作为顶面的色彩，其高明度的特质，不会给空间带来压抑感。

运用紫色作为空间中的主色，形成浪漫、唯美的女性空间。

茶几、地面为不同明度的褐色系，形成低重心配色，整体空间配色显得稳定。

CMYK 44 74 25 0

CMYK 74 59 100 27

CMYK 42 73 91 7

CMYK 32 38 40 0

CMYK 0 0 0 0

CMYK 0 0 0 100

墨绿色和紫色形成对比型配色，空间配色华丽、开放。

地板和睡床选择了不同明度的灰褐色，使空间具有暖度，也令整体配色显得稳定。

无彩色在空间中进行搭配运用，可以丰富配色层次，又不会使配色显得凌乱。

CMYK 0 0 0 0

CMYK 40 43 22 0

CMYK 61 80 85 48

CMYK 10 18 12 0

墙面护墙板运用白色，形成干净、素洁的配色环境。

棕色系的地板与墙面形成低重心配色，具有稳定感。

淡浊色的粉色运用在墙面和床品上，体现出优雅的空间特质。

浊色调的紫色给人浪漫、唯美的配色印象。

体现亲近、舒适感的 **老人房配色**

配色要点：

①结合老人的习惯和需要，宜采用具有亲近感、舒适感的色彩装饰老人房。

②除了明色调及纯色调的暖色系外，大部分暖色都可以用来装饰老人房。

③浊色调及暗色调的蓝色可以适当用在老人房中，特别是夏天时，能够缓解一些燥热感。

④追求个性的老年人，房间可以适当使用一些平和色调的色相对比来丰富层次感。特别是背景色和家具之间，明暗对比强烈，有利于老年人看得更清楚。

安逸、舒适的配色更能满足老年人需求

老年人一般喜欢相对安静的环境，在装饰老人房时需要考虑这一点，使用一些舒适、安逸的配色。例如，使用色调不太暗沉的温暖色彩，表现出亲近、祥和的感觉，红色、橙色等高纯度且易使人兴奋的色彩应避免使用。在柔和的前提下，也可使用一些对比色来增添层次感和活跃度。

▼老人房运用了大量的浊色调，体现出沉稳、低调的配色效果，为了避免压抑感，因此用无色系来中和

老人房代表**配色速查**

暖色系

暗沉暖色系做背景色或者主角色，能够表现沧桑、厚重的氛围

淡雅暖色搭配白色或淡浊色，能够表现出兼具明快和温馨的老人房

单一暖色系容易造成配色单调，通过纯度变化来改善配色效果

其他

避免纯度过高的蓝色，以浊色、微浊色或暗色调为主，可用作软装

微浊色调的绿色更显稳重，搭配米色系软装，形成柔和又自然的配色效果

米色、白色组合做主要配色，再加入少量淡雅的灰色，塑造出清爽、素朴的老人房

配色技巧

▲果绿色的床品令人眼前一亮，为原本沉闷的老人房增加了活力；为了避免床品过于抢眼，因此采用中式花纹进行中和

擅用对比色活跃空间氛围

老人房中的对比色，包括色相对比和色调对比。色相对比要柔和，避免使用纯色对老年人的视力造成刺激；色调对比可以强烈一些，能够避免发生磕碰事件。

搭配合适的图案丰富层次感

为防止配色单调，可以在床品类软装上做文章，如选择拼色或带图案的床单，暗哑低调色即可。图案以典雅的花型为主，如墨青色荷花、中式花纹等。

配色禁忌

白内障患者应避免黄、绿、蓝色系：老年人患白内障的较多，患者往往对黄、绿、蓝色系不敏感，容易把青色与黑色、黄色与白色混淆。在室内配色组合时，应多加注意。

避免色调太过鲜艳：无论使用什么色相，色调都不能太过鲜艳，否则容易令老人感觉头晕目眩，且老年人的心脏功能有所下降，色调鲜艳很容易令人感觉刺激，不利于身体健康。

色彩**搭配秘笈**

color collocational tips

暖色系

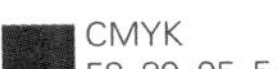
CMYK
58 89 95 54

CMYK
27 29 29 0

CMYK
45 64 72 5

CMYK
78 52 18 0

深棕色穿插出现在整个空间中，与浅咖啡色的墙面形成了温暖、厚重的氛围，具有怀旧感。

浅驼色的丝绸床品增强了空间的品质。

床品和地毯加入少量蓝色形成了色相对比，增添了一丝明快的感觉。

CMYK
0 0 0 0

CMYK
49 42 82 0

CMYK
49 71 100 25

CMYK
40 26 30 0

白色和暖棕色作为空间中的主色，塑造出沉稳且具有温馨感的空间氛围。

明浊色调的蓝色用于床品之中，素雅、干净；棕色的花纹与地板、睡床的色彩相协调。

少量的绿色用在老人房，为空间注入了一丝生机。

CMYK 0 0 0 0

CMYK 65 80 96 50

CMYK 25 33 56 0

CMYK 34 14 16 0

CMYK 50 70 95 10

CMYK 85 80 95 72

白色的护墙板和蓝底大花壁纸构成墙面配色，给人干净、淡雅的感觉。

睡床和床头柜为深棕色，形成稳定的配色印象。

不同明度的棕色系床品，在整体空间中显得厚重感十足。

少量的黑色作为点缀色，令空间配色具有稳定感。

CMYK 69 74 87 48

CMYK 42 44 64 0

CMYK 25 35 53 0

CMYK 0 0 0 0

CMYK 35 25 35 0

深棕色和浅棕色相间的吊顶，充满了视觉变化性。

茶色的墙面和睡床丰富了空间的配色层次，也使日式风格更加深浓。

白色和灰色的床品素洁、雅致，体现出居住者高雅的品位。

其他

CMYK 0 0 0 0

CMYK 49 38 45 0

CMYK 52 49 43 0

CMYK 90 84 84 75

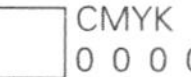

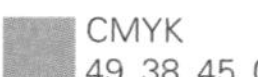

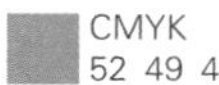

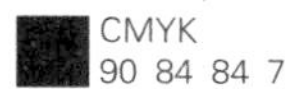

无彩色中的白色是明度最高的色彩，用在吊顶中，可以提升空间的亮度。

少量黑色装饰线的运用，令大面积浅色系的空间具有了稳定性。

深灰色花纹的床品使空间配色显得雅致，独具品位。

不同明度的浅灰色运用在墙面和窗帘的配色中，形成统一中带有变化的配色。

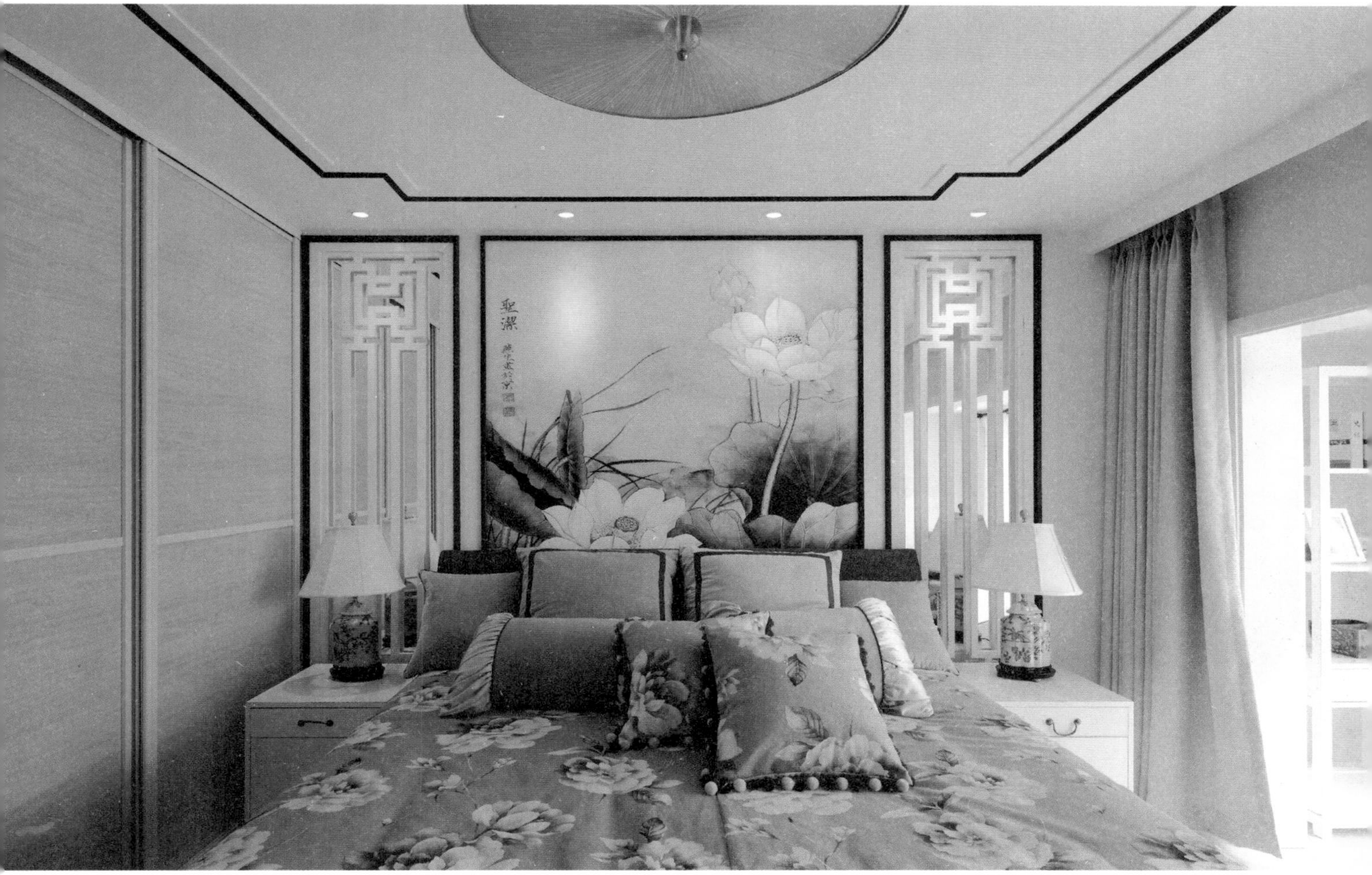

CMYK 0 0 0 0

CMYK 27 17 7 0

CMYK 42 40 34 0

CMYK 50 70 96 15

白色作为背景色与大窗户一起为空间塑造出通透感，灰色地毯与背景色营造的氛围相吻合。

灰蓝色作为空间中的配色视觉中心，为沉稳的空间注入一丝活力。

棕色系在家具上的运用，为空间带来暖度。

CMYK 0 0 0 0

CMYK 78 79 84 65

CMYK 45 65 92 13

CMYK 28 23 18 0

CMYK 43 36 95 0

白色顶面、灰色墙面，带有素雅感，形成清新型的配色印象。

暖棕色的地板带来温馨的视觉效果，低重心的配色极具稳定感。

深棕色的床头柜与睡床，形成稳定性的色彩搭配。

使用中性的绿色平和中带有一点活跃感，避免了刺激性的色彩，给人感觉非常舒适。

CMYK 0 0 0 0

CMYK 47 51 49 0

CMYK 41 40 59 0

CMYK 27 36 87 0

CMYK 81 40 40 0

白色顶面与棕色的地面形成低重心配色，增加空间的稳定感。

浅木色运用在睡床和床头柜中，丰富了空间的配色层次。

少量明亮的黄色和蓝色的对比组合加入空间中，增添了一点活跃感，但并不觉得刺激。

CMYK 0 0 0 0

CMYK 56 67 83 29

CMYK 55 33 27 0

CMYK 35 25 47 0

CMYK 43 28 79 0

白色的吊顶与地面形成低重心配色，形成稳定的配色印象。

睡床、床头柜，以及地面的色彩均为深棕色，吻合老人房追求厚重感的特征。

明浊色调的绿色为空间中的背景色，搭配花朵图案，给空间带来自然中的清新感。

暗浊色调的蓝色和绿色作为点缀色，可以丰富老人房的配色层次。

第二节

儿童居室配色

儿童居室一般以轻快、活泼的色彩为主，但根据不同的年龄段及性别略有差异。其中，婴儿房主要以柔和的色彩为主；学龄前的女孩房常采用粉嫩色系，男孩房则用蓝绿色系；学龄期的儿童则有了自己的喜好，在进行配色时，可以适当参考他们的意见。

激发想象力、刺激视觉发育的婴儿房配色 / 240

从男性家居中汲取灵感的男孩房配色 / 246

以唯美、梦幻为“王道”的女孩房配色 / 252

激发想象力、刺激视觉发育的 **婴儿房配色**

配色要点：

①由于婴幼儿的眼睛处于生长阶段不能受刺激，且心理上需要安全感，因此房间的主色宜选择淡雅的色彩，例如，淡色或者带一点灰调的浅色。

②具体色相可根据婴儿的性别来选择，女婴可使用紫色、粉色，男婴可使用蓝色、青色，黄色和绿色比较中性，既适合男婴也适合女婴。

③婴儿没有自主选择色彩的能力，在设计时可以在房间中用一些鲜艳的色彩进行点缀，促进其大脑发育。

④可以在房间的顶面涂刷靓丽的乳胶漆，也可以在顶面设计手绘图，启发婴儿对色彩的初步认识。

空间配色 要有利于婴儿的成长

在我国的家庭中，很少会单独辟出一个房间作为婴儿房。但如果这一时期的孩子生活空间过于呆板，不利于培养孩子的想象力和创造力。

因此，如果打算在主卧中放置一个婴儿床，在配色时，需要结合婴儿的特点，将空间色彩设计得丰富一些，如选择一面墙，涂刷上带有色彩的乳胶漆或贴上有花纹图案的壁纸；也可以选择一些色彩鲜艳的软装进行搭配。

而如果有一个单独的房间打算将来作为儿童房，则可以考虑设计手绘墙，或贴上一些卡通图案的壁纸。既适合婴儿成长，婴儿长大后空间也同样适用。

▶由于要在主卧中摆放婴儿床，因此墙面色彩运用了绿色的花纹壁纸；同时，婴儿床中的床品和单人沙发，以及窗帘的色彩形成了呼应

婴儿房代表**配色速查**

淡雅色调

浅淡的粉色系最适合女婴，与白色搭配，使空间显得干净、通透

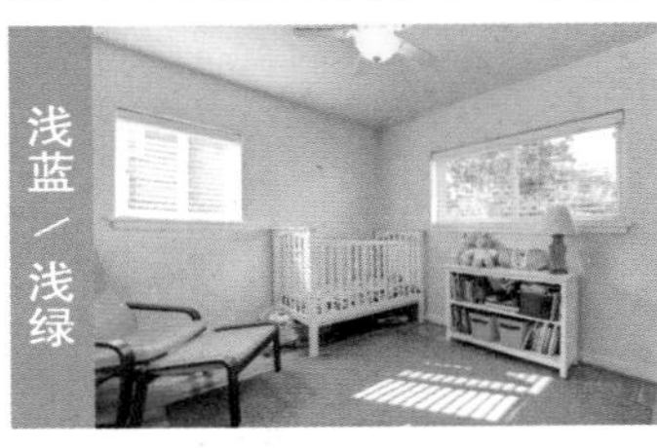

浅蓝色较适合男婴，用亮色作为搭配，起到丰富配色的作用

白色和米色适合任何年龄段的人群，在婴儿房中使用，要擅用靓丽的软装进行搭配

既适合男婴，又适合女婴的配色，可以给空间带来温馨感

木色系的家具带有自然的韵味，且具有暖度，可以给婴儿带来安全感

棕色同样可以给婴儿带来安全感，但为了避免过于厚重，可用灯光和墙面色彩来调和

配色技巧

▲空间中运用方形装饰画，以及部分英文字母装点墙面，既丰富配色，又可以用于教授婴儿识别

结合图形进行空间配色

色彩鲜艳、有视觉深度的图形可以促进婴儿的大脑发育。因此，装饰品可以为简单的形状，譬如圆形、方形等。这样的房间既有趣又美观，更能方便孩子自然地学习色彩、形状方面的知识。

配色禁忌

配色不应当太过鲜艳：婴儿房的色彩不应当太过鲜艳，以免过于刺激婴儿的视觉；花色也不要太过繁复，以免使婴儿产生躁动不安的情绪。如果房间中出现过多的色彩，容易降低婴儿对色彩的辨认度，可以在整体明亮、轻快的浅色调中，突出一两种重点颜色，以加深儿童对色彩的鲜明印象。

色彩**搭配秘笈**

color collocational tips

淡雅色调

CMYK
0 0 0 0

CMYK
57 27 17 0

CMYK
62 42 91 0

白色和蓝色在空间中的大面积运用，令空间呈现出干净、清爽的感觉。

草绿色系的融入，既富有生机，又可以刺激婴儿的大脑发育。

CMYK
0 0 0 0

CMYK
13 42 23 0

CMYK
53 75 93 23

CMYK
44 21 17 0

白色搭配淡粉色充满唯美的气息，是最适合小女孩的空间。

棕色的藤编篮筐是空间中最重的配色，可以稳定整体空间的色彩。

粉蓝色的抱枕与粉色系同样具有甜美气息，但同时又丰富了空间的配色层次。

CMYK
41 12 57 0

CMYK
28 99 100 0

CMYK
52 2 29 0

CMYK
0 0 0 0

CMYK
54 71 78 17

空间运用大面积的绿色，塑造出清新感的婴儿房。

白色作为婴儿床和柜体的配色，提亮了空间。

蓝色、红色、棕色作为空间中的点缀色，丰富了空间的配色层次。

带有暖度的色彩

CMYK	CMYK
0 0 0 0	34 43 49 0
32 40 99 0	42 13 80 0
84 74 12 0	0 25 31 0

果绿色的大面积运用，为空间带来生机。

深蓝色的沙发是空间中最重的颜色，使空间色彩不至于过暖，过于轻飘。

黄色和橙色的结合运用，增添了空间的暖度，与绿色为近似色搭配，富有层次又不过于刺激。

将白色运用在家具上，在丰富的配色中，显得清爽；木色的地板则起到稳定空间配色的作用。

CMYK	CMYK
0 0 0 0	10 41 65 0
43 82 100 0	

白色和暖黄色形成空间中的主色，塑造出温馨感十足的婴儿房。

暖褐色作为家具的主色，与暖黄色的墙面色相接近，形成统一协调的空间配色。

从男性家居中汲取灵感的
男孩房配色

配色要点：

①男孩房的配色可以延续单身男性的家居配色，只需在色彩搭配上更加灵活、多样即可。

②与成年男性不同的是，男孩性格还没有完全形成，带有天真的一面，因此，以主色搭配白色或者淡雅的暖色系，更适合表现其性格特点。

③年纪小一些的男孩，适合清爽、淡雅的冷色，如蓝色、绿色。

④年纪大一些的男孩，则可以多运用灰色搭配其他色彩的配色方式。

男孩房的配色可针对年龄来选择

男孩房的配色需针对不同年龄段区别对待。3 ~ 6 岁到了活泼好动的年纪，可以选择常规的绿色系、蓝色系进行配色。而处于青春期的男孩，则会较排斥过于活泼的色彩，而选择趋近于男性的冷色及中性色。

◀ 3 ~ 6 岁的男孩房，用接近纯色调的蓝绿色墙面搭配白色顶面和窗帘，塑造出清爽的整体感

▶ 处于青少年的男孩可以适应沉稳的配色印象，因此用褐色系来表达

男孩房代表**配色速查**

3～6岁学龄前

色调较纯的蓝色或绿色系为主色，搭配白色或淡雅的暖色，能够表现清爽感

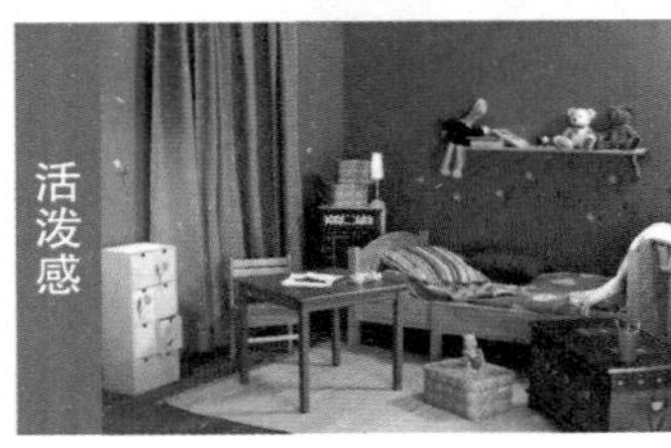

表现男孩的活泼，主要依靠高纯度、以冷色为主的对比色来表现

淡雅的暖色搭配白色，点缀以冷色或绿色，能够表现温馨的男孩房

青少年

蓝色和绿色可以选择浊色调，体现出素雅、稳重的配色印象

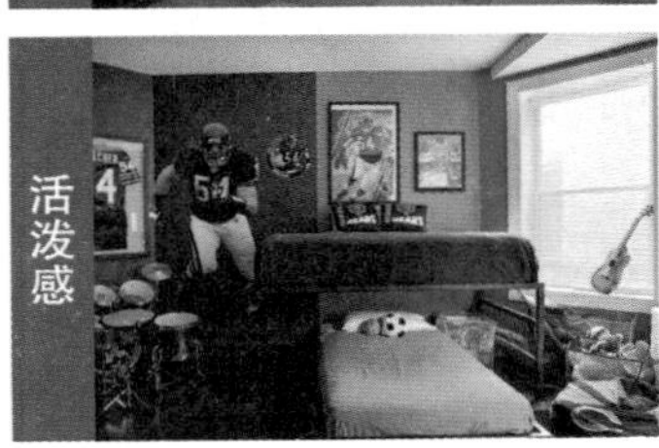

表现大男孩的活泼可以用纯度低的冷色与类似色调或高明度暖色对比

无色系搭配少量高纯度色彩，能够表现出大男孩的时尚感

配色技巧

▲以典型的男性色彩蓝色为主色，搭配白色，营造出如海洋般静谧、广阔的氛围，可以使过于活跃的性格冷静下来。海贼王的彩色手绘承载着成长的情怀

暗色最好利用在软装上

在配色时若需要使用暗沉的冷色，最好用在床品上，同时应选择带有对比色的图案，来增加一些活泼感，这样更适合表现男孩的性格特点。

巧用图案增加空间色彩变化

男孩房中可以选择他们感兴趣的卡通人物、汽车、足球等图案来丰富空间的配色。

配色禁忌

避免过于温柔的色调：男孩与单身男性的房间一样，应避免红粉色系的运用；但像温暖的黄橙色系，则可以用于男孩房中。

色彩**搭配秘笈**

color collocational tips

3～6岁学龄前阶段

CMYK
67 54 26 0

CMYK
7 12 35 0

CMYK
7 95 95 0

CMYK
47 45 49 0

蓝色和红色作为空间中的主色，对比型的配色形成开放式的配色环境。

运用米白色来中和蓝色、红色的激烈感，使配色更加稳定。

灰色格子地板与顶面、墙面形成高重心配色，降低了层高，使男孩房显得紧凑、温馨。

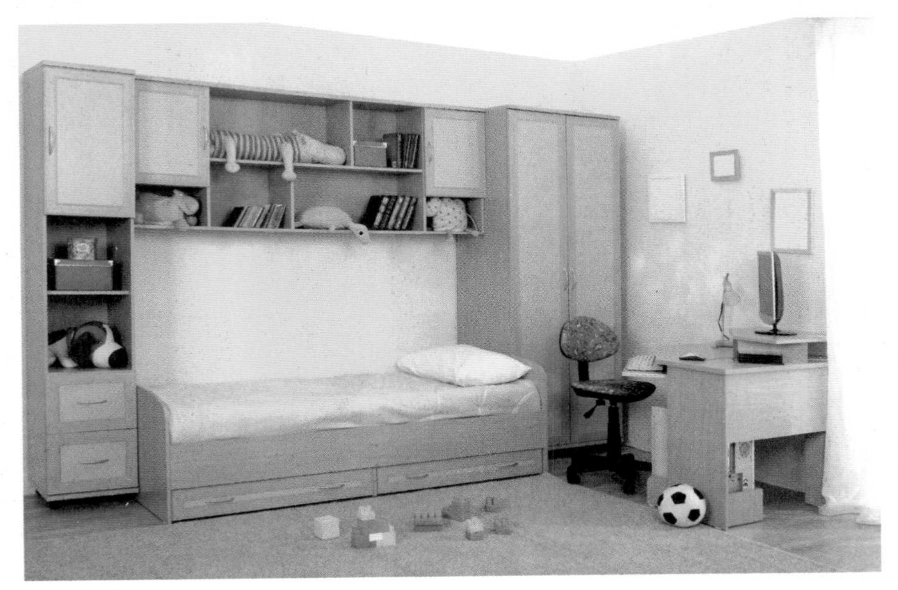

CMYK
0 0 0 0

CMYK
22 54 68 0

CMYK
0 15 30 0

CMYK
34 10 64 0

墙面色彩运用白色和米黄色来涂刷，奠定了温馨的空间配色基调。

比墙面明度较高的木色，同样具有温馨感，但同时又丰富了空间的配色层次。

浅淡的绿色为空间增添了清新的配色印象，与木色搭配形成自然型的配色。

青少年阶段

CMYK 0 0 0 0

CMYK 64 45 17 0

CMYK 5 42 83 0

CMYK 67 13 84 0

白色吊顶和部分墙面有效降低了层高，使空间不至于显得空旷。

空间运用大面积的蓝色来塑造，形成男性空间的配色，也符合处于青少年时期的男孩。

运用少量的黄色和绿色来点缀空间，使配色不会过于单一，也增加了空间的暖度。

CMYK 0 0 0 0

CMYK 56 94 100 48

CMYK 43 100 100 12

CMYK 84 77 10 0

CMYK 35 35 95 0

白色在空间的运用，起到融合配色的作用。

不同明度的蓝色作为空间中的主色，塑造出具有理性思维的男孩空间。

红棕色的睡床、门框和窗框为空间中第二大配色，同样具有沉稳的配色特征。

为了避免空间的整体配色过于沉重，利用纯度较高的红色、黄色作为点缀色，具有活跃空间配色的作用。

CMYK
0 0 0 0

CMYK
44 40 49 0

CMYK
84 79 82 66

CMYK
33 23 44 0

CMYK
76 40 44 0

CMYK
39 72 82 0

运用无色系中的白色、灰色作为空间中的主色，塑造具有素雅感的配色印象。

黑色作为无色系中最重的色彩，可以起到稳定配色的作用。

灰黄色运用在床品和家具中，丰富了空间的配色层次。

浊色调的蓝色起到点亮空间配色的作用；而非常少量的橙色则令配色具有活力。

CMYK
0 0 0 0

CMYK
16 16 31 0

CMYK
88 83 88 75

CMYK
100 100 47 9

CMYK
51 100 100 43

无色系中的白色搭配米色和土黄色作为吊顶和墙面的配色，形成稳定性的色彩印象。

黑色的床头柜作为配角色，具有稳定空间色彩的作用。

深红色和深蓝色为对比型配色，丰富了空间的配色层次。

以唯美、梦幻为“王道”的 **女孩房配色**

配色要点：

①女孩房的配色基本可以参考单身女性空间的色彩设计，但略有局限性，暗色调及浊色调很少出现。

②红粉色系是女孩房最常出现的色彩，往往不受年龄限制，充分体现出唯美、梦幻的空间氛围。

③明色调以及接近纯色调的色彩能够表现出纯洁、天真的感觉，较为适合女孩房。

④蓝色、绿色等冷色系在女孩房的运用中，通常会结合两至三种色彩搭配使用，形成丰富多样的配色设计。

丰富多样是女孩房配色的诉求

暖色系定调的颜色倾向，很多时候会令人联想到女孩子的房间，比如粉红色、红色、橙色、高明度的黄色或是棕黄色。另外，女孩房也常常会用到混搭色彩，来达到丰富空间配色的目的。但需要注意的是，配色不要过于杂乱，可以选择一种色彩，通过明度对比，再结合一到两种同类色来搭配。

▼以玫红色为主的空间，充分体现出女孩房的特征；蓝色和白色的加入使空间具有了清爽感

女孩房代表**配色速查**

粉色系

粉色系的明度对比既丰富了配色层次，又不显得杂乱

以粉色搭配白色做基调，同时可以搭配高纯度的彩色

以粉色或紫色做基调，同时搭配淡雅或高纯度的冷色

其他

糖果色相互搭配，塑造鲜亮、可爱的空间氛围

蓝、绿冷色系中最好加入红粉色做调剂，柔和又不失唯美

非常适合女孩房的配色，只需注意避免大面积的运用

配色技巧

▲空间中的顶面、墙面和地面形成低重心配色；利用多样的软装色彩来丰富配色，简单而有效

擅用中立色彩

除了暖色调，浅灰色、咖啡色、卡其色这类中立色彩，也可以出现在女孩房中。如运用中立色做大面积铺陈，床上用品再根据孩子的性别、年龄段，搭配不同色系，可以为孩子的成长预留出更多的空间。

配色禁忌

避免大面积浓重、鲜艳的色彩： 女孩房的色彩大多较为鲜艳，但要注意度的把握。大面积浓重、鲜艳的色彩，容易造成视觉疲劳，同时产生不安宁感。可以运用在局部，如吊顶、主题墙、家具和软装布艺上。

色彩**搭配秘笈**

color collocational tips

粉色系

CMYK 0 0 0 0

CMYK 17 43 38 0

CMYK 44 57 60 0

CMYK 34 11 76 0

CMYK 45 91 48 0

白色和粉色塑造的女孩房，充满了甜美的气息。

灰褐色的地毯为大量粉色的空间增加了稳定感。

果绿色的帐幔和抱枕与粉色空间形成互补型配色，空间配色开放而自由。

少量的玫红色运用在地毯和壁纸上，与粉色墙面形成色相上的渐变效果。

CMYK 0 0 0 0

CMYK 11 76 40 0

CMYK 82 79 71 52

CMYK 30 21 27 0

CMYK 40 71 83 0

CMYK 54 12 76 0

白色与桃粉色形成空间中的背景色，形成具有华丽、时尚感的女孩房。

为了避免空间配色过于粉嫩，加入黑色木质家具和棕色的地板作为调剂，令空间配色具有了对比感。

果绿色的运用，与桃粉色形成互补型配色，令空间配色显得开放而设计感十足。

灰色的地毯和单人沙发给空间增添了素雅的感觉。

其他

CMYK 0 0 0 0

CMYK 11 14 25 0

CMYK 13 37 19 0

CMYK 34 11 76 0

CMYK 44 54 72 0

白色和米黄色的组合，奠定了空间柔和的基调。

浅粉色和果绿色搭配，形成甜美、梦幻的空间气质。

黄棕色的地板既具有暖意效果，又能增添配色的稳定性。

CMYK 68 22 75 0

CMYK 69 17 18 0

CMYK 0 0 0 0

CMYK 84 81 79 66

CMYK 33 83 53 0

CMYK 0 40 20 0

CMYK 18 44 75 0

CMYK 0 60 80 0

整个吊顶大胆地选用了清新的绿色，极具设计感。

墙面色彩运用明色调的蓝色搭配白色，塑造出清新、爽快的空间氛围。

黑色的地板在整体鲜亮的色彩中，显得比较沉稳，起到稳定配色的作用。

粉色、红色、黄色等点缀色的运用，丰富了配色层次，也加深了女孩房的配色印象。

CMYK
82 34 100 0

CMYK
37 85 63 0

CMYK
0 0 0 0

CMYK
86 56 13 0

CMYK
7 42 0 0

墙面运用纯度较高的绿色和蓝色进行搭配，近似型的配色，给人稳定的视觉印象。

桃红色运用在书桌上，与绿色形成互补型配色，增加了空间配色的活跃感。

浅粉色的床品和座椅，与桃红色形成色相渐变，令女孩房的特征更鲜明。

白色的上下床为空间配色注入了干净的气息。

CMYK
35 18 74 0

CMYK
0 0 0 0

CMYK
16 39 80 0

CMYK
68 64 98 32

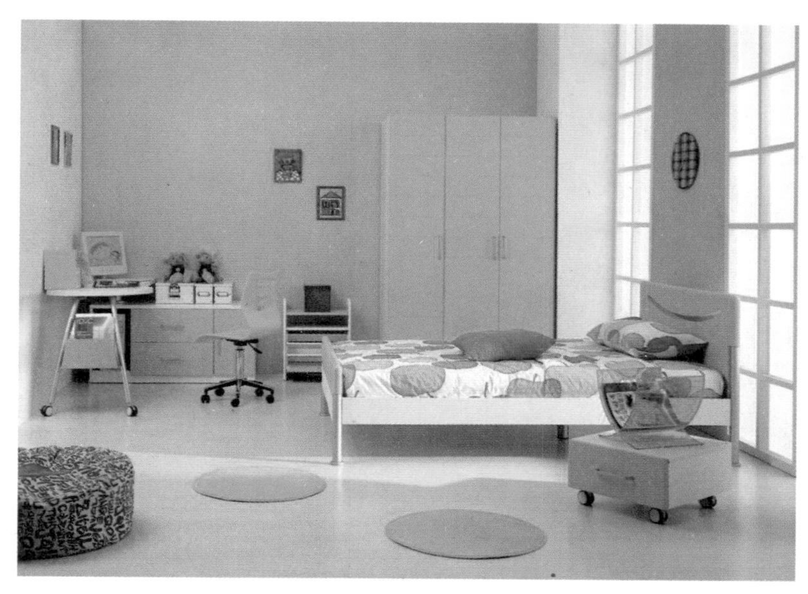

黄色和绿色为近似型配色，形成稳定的配色印象。

白色作为地面的主色，与落地窗一起为空间增添了宽敞感。

坐墩上的墨绿色英文丰富了空间的配色层次，使整体配色有了视觉重心。

第三节

主题家居配色

家居空间往往并不是一个人居住，比如新婚的二人世界，由于男性和女性对于色彩的喜好不同，因此在进行色彩设计时，除了要凸显出喜庆氛围，还要找到两个人对于色彩的平衡点。而三代同堂的居室，则要兼顾所有居住者对色彩的需求，配色不要过于新奇、突兀。

以渲染喜庆氛围为主的婚房配色 / 260

兼顾人口特征、减少刺激感的三代同堂居室配色 / 268

以渲染喜庆氛围为主的
婚房配色

配色要点：

①传统婚房大多使用红色，以渲染喜庆气氛。追求个性的年轻人也可以用黄色、绿色或蓝色、白色等具有清新感的配色来装饰。

②如果不喜欢红色又不得不用，可以多在软装上使用，避免大面积地用在背景墙上，后期可以随时更换为喜欢的色彩。

③无色系或蓝色，只要搭配得当，也可以用在婚房中。

④现代婚房可以突破传统，根据自身喜好选择配色形式，只在布艺、工艺品等软装上凸显婚房特点即可。

婚房配色可呈现多样化特征

新房中除了选择一种颜色作为房间的主色调外，还需要有一些小的变化。感情热烈的，以暖色系中的红色、黄色、赭色、褐色为主体；喜欢田园诗趣的，以冷色系中的绿色、蓝色等为主体。

另外，采用面积、明暗、纯度上的对比来活跃色彩气氛，更是恰到好处，对于不大的新房，不适合浓重的颜色。

▼鲜艳的红色为主色，形成活力、热情的婚房氛围

▲不同明度的蓝色作为婚房主色，奠定清爽的空间基调

婚房代表**配色速查**

暖色系

红色系与无彩色系搭配显得明亮，与近似色搭配显得温馨

大面积使用粉色容易使空间充满女性特点而显得过于甜美，可作为点缀色使用

作为主角色、配角色或点缀色，都能极大限度地活跃氛围，且并不十分刺激

多彩配色

黄＋绿、红＋黄、粉＋粉蓝色，都是常见的婚房配色，可以更加凸显个性

要兼顾男主人与女主人的配色需求，如选择一组女性代表色和一组男性代表色

宜选择明度较高、纯度较低的色彩作为大面积用色；其中白色是很好的背景色

配色技巧

▲在墙面和床品上运用小尺寸的花纹进行装点，丰富了空间的配色，又不显凌乱

用图案增加层次感

若婚房空间较小，不适合将太鲜艳的颜色用在墙面或作为主角色。为避免单调，可利用材料的图案丰富层次感，如选择一些简单图案，但色彩鲜艳的壁纸、窗帘、靠枕等。

配色禁忌

暗色调不宜大面积用在墙面：在婚房中，暗色调不宜大面积用在墙面上，无论是暗暖色，还是暗冷色，都容易使人感觉压抑，与色彩印象不符，可以作为配角色或点缀色使用。

色彩**搭配秘笈**

color collocational tips

暖色系

CMYK
0 0 0 0

CMYK
33 39 37 0

CMYK
60 69 66 23

CMYK
24 82 63 0

CMYK
77 30 76 6

白色与落地窗一起为空间带来宽敞感，而背景色中的红色则体现出婚房的喜庆感。

沙发和藤制座椅的色彩形成空间的主角色和配角色，其柔和的色相使婚房空间显得更加温暖。

运用绿色植物丰富空间的配色十分讨巧，又为空间注入生机。

CMYK 0 0 0 0

CMYK 51 51 55 0

CMYK 50 97 98 30

CMYK 45 37 75 0

白色的运用提亮了空间色彩，也令空间显得明亮而通透。

灰色系运用在主沙发和地毯上，有效中和了红色系带来的视觉刺激。

运用红色和绿色进行搭配，互补配色令空间显得十分生动。

CMYK 0 0 0 0

CMYK 7 77 19 0

CMYK 55 20 95 10

CMYK 17 29 87 0

CMYK 40 20 35 0

白色作为吊顶和茶几的配色，与整体空间中的黄色搭配的十分协调。

黄色为空间中的主色，形成温馨型的婚房配色。

运用红、绿两色的沙发作为配角色，其互补型的配色凸显了居室的开放型配色特征。

用浅蓝色的抱枕作为点缀色，降低了空间的暖度，使配色不会显得过于热烈。

CMYK
0 0 0 0

CMYK
0 29 37 0

CMYK
5 97 92 0

白色可以提亮空间的配色，运用在婚房中可以使空间显得干净。

靓丽的红色最能体现婚房喜庆的气息，而红色的圆床则体现出“花好月圆”的美好寓意。

暖木色的地板可以增加空间的温馨指数。

CMYK
0 0 0 0

CMYK
22 59 59 0

CMYK
21 18 23 0

CMYK
11 20 27 0

CMYK
74 92 100 40

白色作为空间的主色，可以很好地提升空间的宽敞感。

墙面和床品运用了不同明度的粉色系，喜庆中不失柔和。

台灯灯罩、抱枕运用了柔和度较高的米灰色，与整体配色搭配和谐。

床头柜为深棕色，是空间中最重的色彩，起到稳定配色的作用。

多彩配色

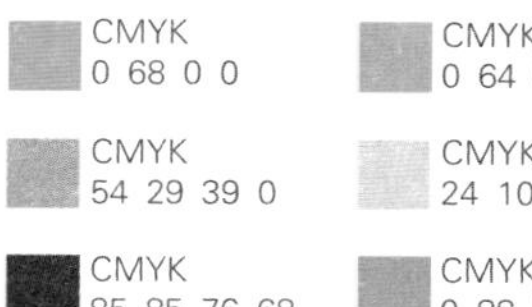

CMYK 0 68 0 0

CMYK 0 64 81 0

CMYK 54 29 39 0

CMYK 24 10 34 0

CMYK 85 85 76 68

CMYK 0 88 52 0

CMYK 45 0 82 0

玫红色和橙色搭配的墙纸活力感十足，形成开放型的空间配色。

灰蓝色的沙发作为主角色，稳定了空间配色，使配色不会显得过于浮夸。

黄绿色和黑色相间的抱枕起到点缀空间配色的作用。

红色、绿色的插花形成互补型配色，十分靓丽。

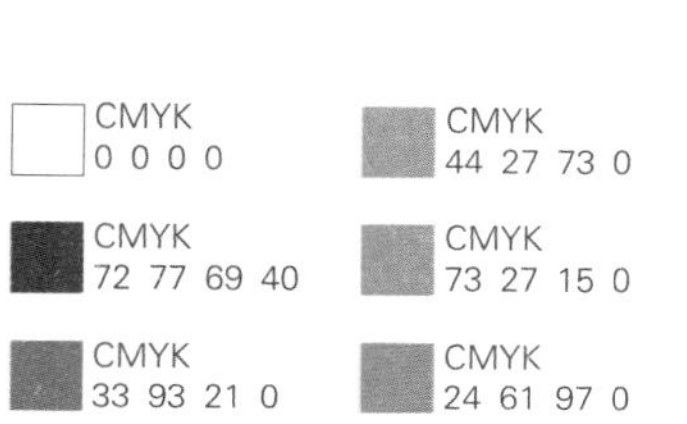

CMYK 0 0 0 0

CMYK 44 27 73 0

CMYK 72 77 69 40

CMYK 73 27 15 0

CMYK 33 93 21 0

CMYK 24 61 97 0

白色和绿色作为空间中的主色，形成自然、清新感的婚房特质。

地毯图案为深棕色，源于大地的色彩，令空间的自然感更强。

蓝色、玫红色、橙色作为点缀配色，纯度较高，使配色给人活跃、灵动的印象。

CMYK 0 0 0 0
CMYK 56 86 93 42
CMYK 54 26 70 0
CMYK 26 28 38 40
CMYK 15 58 38 0

背景色为白色，塑造出整洁、干净的空间氛围。

棕色系的餐边柜和座椅起到稳定空间配色的作用。

麻编地毯令空间中的自然气息浓郁。

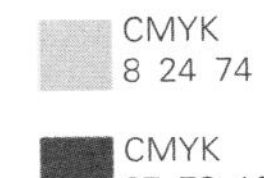

整体空间的配色偏沉稳，为了体现婚房特征，运用玫红色的桌布和绿色软装进行调剂，令配色具有了喜庆感。

CMYK 8 24 74 0
CMYK 60 33 86 0
CMYK 87 73 16 32
CMYK 22 41 93 0
CMYK 0 0 0 0

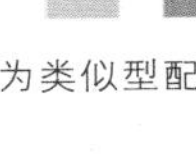

黄色和绿色为类似型配色，形成稳定的配色印象。

白色和黄色、绿色的融合度很高，能够共同形成稳定型的配色。

浴帘中的蓝色、橙色作为点缀色丰富了整体空间的配色层次。

兼顾人口特征、减少刺激感的 **三代同堂居室配色**

配色要点：

①所有色相均可使用，但需注意减弱暖色的刺激感和冷色的冷硬感；同时也要避免冷材料的使用，如金属、大理石等，多用木质和布艺。

②背景色等大面积色彩建议选择高明度的淡色调，此类色调更符合大众审美。

③空间中的整体色彩最好以暖色为主，如果要用冷色和中性色做背景色，可选择淡色调，纯色或深色则要少量使用。

④不要采用过于刺激的配色方式，例如，撞色、明度较高的三原色搭配等，容易影响老人和孩子的平和心态。

配色要兼顾老人和孩子的心理需求

三代人一同居住，大多数家庭中都有老人和孩子，客厅、餐厅等公共空间（其他空间的配色一般以客厅为主）中的色彩设计应照顾所有成员的喜好。由于老人一般较为偏爱沉稳的色彩，而孩子又需要利用鲜艳的色彩促进其大脑发育。因此在设计时，空间大面积的背景色可以温馨、舒适一些，色调上以淡雅色调为主，主角色则可以选择厚重一些的色彩，之后再用少量的亮色来做点缀，以活跃空间气氛。

◀空间的背景色为银灰色的花纹壁纸，塑造出典雅、高贵感；黑色的茶几作为空间中的重色，起到稳定配色的作用；而红色、黄色等色彩在布艺中的运用，则起到丰富配色的作用

三代同堂居室代表**配色速查**

家庭成员年龄偏低（儿童属于婴幼儿阶段）

淡色调、淡浊色调常用在视线焦点部位，深色调、暗色调常用在墙面；少用纯色调

淡浊色调、浊色调或浓色调的紫色与大地色组合，可塑造出高贵感；用绿色调节使空间富有生机

可用高、低明度组合的方式弱化对比感，或选择将其用图案结合的材料表现

家庭成员年龄偏高（儿童属于青少年阶段）

这两种色彩适合各种年龄的人群，且能给人带来稳定的心理感受

米灰色、米黄色常用在墙面或主要家具上，常搭配一些具有重量感的色彩

白色作为背景色，主角色、配角色用暗暖色，既稳定，又不会使空间显得过于暗淡

配色技巧

▲棕色系的木纹饰面板在墙面的大量运用，为空间增添了暖度

使用大地色最稳妥

在三代同堂的居室中，无论采用哪些色相组合，都建议加入一些大地色，如棕色木质墙面、茶色单人沙发、咖啡色靠枕等。这类色彩较百搭，无论搭配暖色、冷色，还是中性色都比较协调，并且可以带给老人归属感。

配色禁忌

黑白灰不适合单独组合：三代同堂的家居中，如果只用无色系搭配，而不加入任何其他色彩，家居环境会显得过于冷清，对孩子和老人来说容易没有安全感。可以将黑色和灰色放在不是特别引人注意的部位与白色组合，而后再搭配一些大地色、米色等温馨色彩，时尚而不会显得过于个性。

色彩**搭配秘笈**

color collocational tips

家庭成员年龄偏低（儿童属于婴幼儿阶段）

CMYK 27 39 55 0

CMYK 26 27 41 0

CMYK 63 81 93 53

CMYK 79 80 44 7

CMYK 84 81 76 63

居室中大量色彩搭配为黄色和米色交织，散发温暖气息，且具有层次变化。

浊色调蓝色虽然和黄色为对比配色，却由于色调的关系，不显刺激。

利用黑色和棕色作为空间中的重色，稳定性极强。

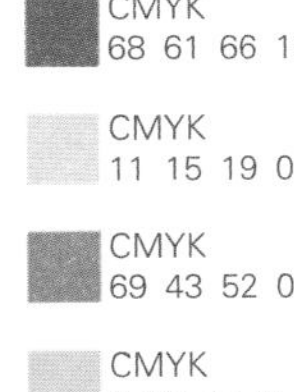

虽然墙面大量运用了灰色系，却由于玻璃材质的原因，不显得过于暗淡、压抑。

灰蓝色为主色的装饰画，令空间显得独特又不失典雅。

沙发和地毯分别采用米白色和米黄色，提亮了空间色彩，也使空间具有了暖度。

家庭成员年龄偏高（儿童属于青少年阶段）

CMYK
50 66 78 8

CMYK
65 57 53 3

CMYK
21 13 20 0

CMYK
32 88 85 0

CMYK
61 18 58 0

棕色系与无色系中的白、灰在空间中大面积运用，稳重中不失轻快。

红、绿两色在空间中进行点缀运用，形成的亮色效果，使空间不至于显得过于压抑。

CMYK
0 0 0 0

CMYK
16 29 26 0

CMYK
48 85 90 17

CMYK
46 23 49 0

CMYK
3 56 43 0

白色和米灰色作为墙地顶的配色，干净而典雅，起到提亮空间配色的作用。

棕色系在家具及门上运用，起到稳定配色的作用，不同的明度变化使配色不显单调。

绿色系和红色系的搭配使用，为空间注入了活力与生机。